# 陶瓷研磨体应用技术

陈绍龙 王 峰 宋南京 编著

中国建材工业出版社

图书在版编目（CIP）数据

陶瓷研磨体应用技术 / 陈绍龙，王峰，宋南京编著.
—北京：中国建材工业出版社，2016. 11
ISBN 978-7-5160-1681-7

Ⅰ. ①陶… Ⅱ. ①陈… ②王… ③宋… Ⅲ. ①陶瓷—
研磨体—应用—水泥—制备—研究 Ⅳ. ①TQ172.6

中国版本图书馆 CIP 数据核字(2016)第 253633 号

## 内 容 简 介

陶瓷研磨体，俗称"陶瓷球"，在白水泥和彩色水泥生产中应用多年。近年来，部分院校和企业出于节能降耗的目的，在通用硅酸盐水泥粉磨系统，进行了利用陶瓷球代替钢球、钢锻的系列研究与开发，取得了明显的节电效果。

由于各种原因，陶瓷球应用技术还没有被大多数水泥企业认可，由此带来的一些问题，在认识上仍显不足。过多的"破球"和"减产"，不仅给水泥企业带来经济损失，而且使其对陶瓷球应用的可行性产生质疑。

为了进一步指导水泥企业正确使用陶瓷球，实现节能降耗目的，本书集"知识系统性、原理先进性、技术适用性、技能可操作性"于一体，深入浅出，简明扼要地解析了陶瓷球应用中常见的技术难题。

本书适合水泥粉磨车间生产工人、技术管理人员以及陶瓷球生产企业营销人员学习阅读，也可以作为相关院校师生理论联系实际的参考用书。

**陶瓷研磨体应用技术**

陈绍龙　王　峰　宋南京　编著

出版发行：中国建材工业出版社
地　　址：北京市海淀区三里河路 1 号
邮　　编：100044
经　　销：全国各地新华书店
印　　刷：北京雁林吉兆印刷有限公司
开　　本：787mm×1092mm
印　　张：8
字　　数：140 千字
版　　次：2016 年 11 月第 1 版
印　　次：2016 年 11 月第 1 次
定　　价：**49.80 元**

本社网址：www. jccbs. com　　微信公众号：zgjcgycbs
广告经营许可证：京海工商广字第 8293 号
本书如出现印装质量问题，由我社营销部负责调换。联系电话：(010) 88386906

# 序

水泥粉磨中的节能是一个永恒的话题。

在现代水泥生产过程中，粉磨工序能耗主要体现在生料制备、煤粉制备和水泥粉磨三个环节，其电量消耗约占水泥生产综合电耗的70％。国家标准GB 16780—2012《水泥单位产品能源消耗限值》要求水泥系统粉磨电耗32kWh/t，以粉磨P·O 42.5级水泥为例，现阶段国内许多优势企业水泥粉磨系统电耗实际值已达到28kWh/t以下，已为国际先进水平，这主要得益于利用高效节能的辊压机联合粉磨工艺系统。研究表明：在辊压机联合粉磨工艺系统中，辊压机电耗约占14％，选粉机等其他辅机电耗约占15％，而球磨机电耗占71％。可见，球磨机仍是耗电的主要设备。而水泥粉磨系统电耗大幅下降主要是因为采用辊压机后带来的系统产量显著提高。也正因为如此，水泥专家们除了注重节能高效的粉磨装备和新的工艺系统研发外，在粉磨装备的结构改进和新材料的应用方面也不断地探索，这就有了本书的主题——陶瓷球以及陶瓷球在球磨机中用于水泥粉磨的应用尝试。

本人有过从事水泥行业粉磨技术研究二十多年的经历，从2005年调到中国水泥协会工作后，已离开研究岗位十多年了，关注水泥企业粉磨技术进展也是自己业务的本能和情感的延续。正可能是这个原因，作者邀我写这本书的序言。说实话，今天我已不能以一个粉磨专家的身份来谈书的技术内容，行业内公认的知名粉磨技术专家人数众多。我只能站在行业管理的角度对这本书的出版谈一些个人观点。

球磨机内的研磨体，传统做法采用的是钢球，其材质多数是以铬系合金材料为主。用陶瓷球替代钢球来粉磨水泥是一种大胆尝试，其出发点是通过新材料的应用达到降低球磨机粉磨电耗。在这本书写作之前，一批专家和水泥企业合作，已经在陶瓷球应用方面取得了许多成果。陶瓷球是否可全面取代钢球来粉磨水泥还必须有一个完善提高的过程，但这种探索的科学精神是值得我们赞许的。

中国水泥行业的未来发展关键取决于我们的创新能力，在技术创新、管理创新、体系创新中技术创新是关键。我想，陶瓷球用于水泥粉磨的想法一旦成为完全可行的技术，那对世界水泥工业发展也是不小的贡献。

这本技术专著的出版使人欣慰之处在于，过去我们水泥行业技术研发中多数只注重获取科技成果，很少关注成果本身的理论研究。我几乎参加过行业内绝大多数的技术成果鉴定，在多数鉴定材料中，写技术应用内容的多，对核心技术的理论研究内容多数显得苍白。这是我愿意为这本专著写序言的本意，虽然书中所谈技术还有待完善提高。

中国水泥协会常务副会长　孔祥忠

2016 年 10 月 1 日于北京

# 前　　言

近年来，部分水泥企业出于节能降耗的目的，进行了利用陶瓷研磨体及陶瓷衬板代替钢球、铸钢衬板等系列研究，初步取得了一些效果。但由于各方面的原因，这项研究至今还没有一个系统的研究成果发表，其科研也大多局限于个别水泥企业和陶瓷球生产企业，尽管在理论上或部分水泥企业的应用中证实，陶瓷球在水泥粉磨系统中应用能够实现明显的节电效果，但对由此带来的一些实际问题，在认识上仍显不足。

为满足广大水泥生产企业及陶瓷行业员工对水泥工业用陶瓷研磨体技术的了解，以促进企业在各自的生产过程中进一步创新，推进供给侧结构性改革，加快走"资源节约型、环境友好型"的新型工业化道路，我们认真总结了从事陶瓷球研发与推广应用的经验，在国内首次全面、系统地介绍陶瓷研磨体在水泥工业粉磨节能工作中的应用技术。

本书的主要内容包括：氧化铝耐磨陶瓷球的生产工艺技术、水泥粉磨工艺及设备基本知识、陶瓷球在通用硅酸盐水泥中的应用技术、氧化铝耐磨陶瓷球的质量标准；并列举了大量水泥企业（集团）应用陶瓷球的实际案例等，以利于读者在结合本企业水泥生产现状、解决陶瓷球应用的具体技术问题时借鉴与参考，同时对于陶瓷球行业研发新产品、规范生产与服务提供指导性的帮助。本书以大量翔实的资料和试验数据为依托，力求原理明确、通俗易懂、具有可操作性。本书适合于水泥企业生产技术人员、陶瓷企业营销人员以及相关专业院校师生阅读参考。

本书的编写，在中国水泥协会技术中心的指导下，得到了山东天汇研磨耐磨技术开发有限公司总经理尹方勇、中国建材咸阳陶瓷设计研究院教授级高工阎蛇民、齐鲁工业大学沈建兴教授、山东宏艺科技股份有限公司董事长赵洪义研究员的关心和支持，并受到了水泥行业和陶瓷行业同仁们的热情关注以及相关企业的鼎力相助，在此一并表示诚挚的感谢！由于笔者水平所限，书中难免存在不妥之处，恳请读者批评和指正。

编著者

2016 年 9 月

# 特别鸣谢

山东天汇研磨耐磨技术开发有限公司

中国建材咸阳陶瓷设计研究院

齐鲁工业大学

山东宏艺科技股份有限公司

# 目 录

# 第一章　陶瓷球生产工艺技术

## 第一节　概　　述

### 一、我国陶瓷工业发展简史

说到陶瓷，我们首先想到的便是：光滑、精美、细腻、剔透，似乎很难用几个简单的形容词来描绘它。陶瓷是用天然和人工合成的粉状化合物，经过成型和高温烧结而成的、由金属和非金属元素的无机化合物构成的多相（晶相、玻璃相、气孔等）固体材料。陶瓷是陶器和瓷器的总称。

陶瓷的传统概念是指所有以黏土等无机非金属矿物为原料的人工工业产品。它包括由黏土或含有黏土的混合物经混炼、成形、煅烧而制成的各种制品，由最粗糙的土器、细陶器、炻器到精细的瓷器都属于它的范围。它的主要原料是取之于自然界的硅酸盐矿物（如黏土、石英等），因此，陶瓷与水泥、玻璃、搪瓷、耐火材料等工业，同属于无机非金属材料的"硅酸盐工业"范畴。

陶器与瓷器的区别在于原料土质的不同及烧结温度的不同。一般来说，在制陶的温度基础上再添火加温，陶就变成了瓷。陶器的烧制温度在 $800\sim1000℃$，瓷器则是用高岭土在 $1300\sim1400℃$ 的温度下烧制而成。陶瓷制品的品种繁多，它们之间的化学成分、矿物组成、物理性质以及制造方法，相互接近、交错，无明显界限，而在应用上却有较大区别。

在我国，制陶技艺的产生，可追溯到公元前 4500 年至公元前 2500 年的时代，陶瓷发展史是中华民族历史中重要组成部分之一，享誉全球。在英文中"瓷器"（china）与"中国"（China）同为一词。在我国科学技术上的成果以及对美的追求与塑造，在许多方面都通过陶瓷制作来体现，并形成各时代非常典型的技术与艺术特征。

距今约 7000 年，在新石器时期，我国就有了陶器，在距今 6000 年的仰韶文化时期发展为彩陶；距今 4000 年的龙山文化时期以黑陶为主要产品；公元前 16 世纪的殷、周时代，发明了釉料，创造了釉陶；到公元 $25\sim220$ 年东汉时期，原始瓷器质量实现了飞跃，生产出成熟的瓷器——青瓷；公元 $618\sim907$ 年年出现了著名的越窑、青窑和邢窑的白瓷，还有变化多端的"唐三彩"；公元 $906\sim1279$ 年的宋代是我国瓷器生产蓬勃发展的时期，定窑、汝窑、官窑、哥窑、钧窑五大陶瓷窑闻名于世；从公元1368～1661年的明代开始，以江西景德镇为代表的陶瓷釉色由单彩向多彩方向发展。

新中国成立后，从1950年开始，我国的陶瓷工业得到了恢复和发展，各种陶瓷产品的产量和质量迅速增加和提高。特别是近十几年来，我国陶瓷产品品种之多、规模之大、发展速度之快，都超过了历史上任何一个时期。改革开放以来，我国对国外的先进生产工艺、技术装备，不断地引进、消化、吸收，实现了原料加工机械化，生产控制自动化。成型与干燥线联动、定向集中气流强化干燥、远红外线干燥、微波干燥等新技术基本普及；隧道窑、梭式窑、辊道窑等新型节能窑炉广泛应用，新工艺、新设备、新技术不断涌现，使我国陶瓷工业迅猛发展。陶瓷材料和产品应用领域越来越多，如功能陶瓷、结构陶瓷、生物陶瓷、电子陶瓷等先进陶瓷，作为新型材料成为国家高科技发展不可或缺的资源供给侧。

21世纪以来，科学技术的高速度发展，对陶瓷工艺的技术进步提出了新的挑战。尽管陶瓷中的玻璃相使其变得坚硬致密，然而也正是它妨碍了陶瓷强度的进一步提高。同时，玻璃相也是陶瓷绝缘性能、特别是高频绝缘性能差的根源。随着陶瓷制造工艺的不断改进，特别是对陶瓷烧结过程、显微结构的深入研究，人们已制造出玻璃相含量甚低、几乎不含玻璃相，而由许多微小晶粒结合成的结构态陶瓷，高科技的微晶陶瓷，实现了我国陶瓷工业技术进步从传统陶瓷到先进陶瓷的飞跃。

先进陶瓷材料是指以精制高纯人工合成的无机化合物为原料，采用精密控制的工艺，经烧结而制得的陶瓷材料，具有高强度、高硬度、耐磨损、耐腐蚀、耐高温及声、光、电、磁等优异性能，而区别于传统陶瓷（日用陶瓷、建筑卫生陶瓷等），亦称为高技术陶瓷、精细陶瓷、精密陶瓷、现代技术陶瓷、工业陶瓷、特种陶瓷等。无论从材料本身性能或材料所采用的制备技术来看，先进陶瓷材料已成为陶瓷科学和材料工程领域里非常活跃、极富挑战性的前沿研究学科，微晶氧化铝陶瓷成为先进陶瓷中异军突起的重要材料之一。

## 二、工业陶瓷分类及其应用

（一）陶瓷分类

1. 按用途的不同，陶瓷可分为三大类。

（1）日用陶瓷：如餐具、茶具、缸、坛、盆、罐、盘、碟、碗等；

（2）艺术陶瓷：如花瓶、雕塑品、园林陶瓷、器皿、陈设品等；

（3）工业陶瓷：指应用于各种工业的陶瓷制品。

2. 按产品材质致密程度，陶瓷可分为：

（1）粗陶：用含沙量、含铁量比较多的陶泥烧制的陶器，如花盆、茶具等；

（2）细陶：材质较细腻，经素烧、施釉的陶器，如内墙釉面砖等；

（3）炻器：原料常用含较多伊利石类黏土。坯体易于致密烧结，吸水率一般在6%以下，不透明，无釉，也不透水。质地致密坚硬，跟瓷器相似，多为棕色、黄褐色或灰蓝色；如：砂锅、水缸和耐酸制品等；

（4）半瓷器：包括瓷炻质器、细炻质器和炻质器。这三类制品的吸水率介于瓷和陶之间，其性能也在二者之间。瓷炻质器的吸水率为 0.5%～3%，由于有较小的吸水率，制品机械强度高，抗冻性好，吸湿膨胀低，施釉后可作为人流较多地方的铺地材料和寒冷地区的外墙铺贴。吸水率为 0.5%～6% 的彩色釉面墙地砖、施釉瓷质砖和 TB 6952 规定的吸水率≤1% 的卫生陶瓷均属此类陶瓷。

（5）瓷器：由瓷石、高岭土、石英石、莫来石等烧制而成，外表施有玻璃质釉或彩绘的物器。瓷器的成形要通过在窑内经过高温（约 1280～1400℃）烧制，瓷器表面的釉色会因为温度的不同发生各种化学变化。烧结的瓷器含铁≤3%，且不透水，用以制造高级日用器皿如电瓷、化学瓷等。

这样分类的特点是：材料及制品的原料是从粗到精；坯体是从粗松多孔逐步到达致密；烧结过程中，温度也是逐渐从低趋高。

粗陶是最原始最低级的陶瓷器，一般以一种易熔黏土制造。在某些情况下也可以在黏土中加入熟料或砂与之混合，以减少收缩。这些制品的烧成温度变动很大，要依据黏土的化学组成所含杂质的性质与多少而定。以其制造砖瓦，如气孔率过高，则坯体的抗冻性能不好，过低又不易挂住砂浆，所以吸水率一般要保持在 5%～15% 之间。烧成后坯体的颜色，决定于黏土中着色氧化物的含量和烧成气氛，在氧化焰中烧成多呈黄色或红色，在还原焰中烧成则多呈青色或黑色。

精陶按坯体组成的不同，又可分为黏土质、石灰质，长石质、熟料质等四种。黏土质精陶接近普通陶器。石灰质精陶以石灰石为熔剂，其制造过程与长石质精陶相似，而质量不及长石质精陶，因此近年来已很少生产，而为长石质精陶所取代。长石质精陶又称硬质精陶，以长石为熔剂，是陶器中最完美和使用最广的一种，近年来很多国家用以大量生产日用餐具（杯、碟盘予等）及卫生陶器以代替昂贵的瓷器。

瓷器是陶器发展的更高阶段。它的特征是坯体已完全烧结，完全玻璃化，因此很致密，对液体和气体都无渗透性，胎薄处呈半透明，断面呈贝壳状，以舌头去舔，感到光滑而不被粘住。硬质瓷具有陶瓷器中最好的性能。

（二）工业陶瓷分类

1. 工业陶瓷分类

工业陶瓷可分为普通陶瓷和特种陶瓷两大类，它区别于其他工业造型材料的特点是：陶瓷结构中，离子键和共价键是主要的结合键，键的性质与材料结构和性质有密切关系。

（1）普通陶瓷又称传统陶瓷，一般是指日用陶瓷、建筑陶瓷、卫生陶瓷、电工陶瓷、化工陶瓷等。普通陶瓷是用天然硅酸盐矿物，如黏土、长石、石英、高岭土等为原料烧结而成。其中建筑卫生陶瓷，主要用于建筑物饰面、建筑构件和卫生设施的陶瓷制品。它包括了各种陶瓷墙砖、地砖、琉璃制品、饰面瓦、陶管和各种卫生间用的陶瓷器具及配件。

（2）特种陶瓷又称现代陶瓷，是采用纯度较高的人工合成原料，如氧化物、硅化物、硼化物、氟化物等制成，具有特殊的力学、物理、化学性能。

特种瓷种类很多，多以各种氧化物为主体；如高铝质瓷，它是以氧化铝为主；镁质瓷，以氧化镁为主；滑石质瓷，以滑石为主；铍质瓷，以氧化铍或绿柱石为主；锆质瓷，以氧化锆为主；钛质瓷，以氧化钛为主。

特种陶瓷按性能不同，又可分为高强度陶瓷、高温陶瓷、压电陶瓷、磁性陶瓷、绝缘陶瓷、导电陶瓷、半导体陶瓷、生物陶瓷、光学陶瓷（光导纤维、激光材料等）等；

如果按化学组成不同，又可分为氧化物陶瓷、氮化物陶瓷、碳化物陶瓷、复合陶瓷、纤维增强陶瓷、金属陶瓷（硬质合金）等。

本书介绍的通用硅酸盐水泥用研磨体，主要是微晶氧化铝耐磨陶瓷球，属于高强度陶瓷和氧化物陶瓷。

2. 重点工业陶瓷的特征与用途

（1）普通陶瓷

普通陶瓷是指黏土类原料为主的陶瓷，由黏土、长石、石英配比烧制而成，其性能取决于三种原料的纯度、粒度与比例。一般质地坚硬、耐腐蚀、不氧化、不导电，能耐一定的高温且加工成形性好。

工业上普通陶瓷主要用于绝缘用的电瓷、对酸碱要求较高的化学瓷、承载要求较低的结构零件用瓷等，如绝缘子、耐腐蚀容器、管道及日常生活中的装饰瓷、餐具等。

（2）氧化铝陶瓷

该陶瓷是以 $Al_2O_3$ 为主要成分的陶瓷，根据瓷坯中主晶相的不同，可分为三种类型：刚玉瓷、刚玉-莫来石瓷和莫来石瓷等；也可按 $Al_2O_3$ 的质量分数分成 75 瓷、95 瓷和 99 瓷等。

氧化铝瓷熔点高、硬度高、强度高，且具有良好的抗化学腐蚀能力和介质介电性能。但脆性大、抗冲击性能和抗热震性差，不能承受环境温度的剧烈变化。可用于制造高温炉的炉管、炉衬、内燃机的火花塞等，还可制造高硬度的切削刀具、粉磨设备（湿法球磨机）的研磨体，又是制造热电偶绝缘套管的良好材料。从 2014 年底开始，在国内新型干法水泥生产线球磨机水泥粉磨系统进行试用，节电效果明显，至今已逐步推广应用。另外，在水泥厂风机叶轮、物料料斗、溜管、溜槽、窑尾预热器、除尘管道、增湿塔进出口管道等，作为耐磨、耐蚀衬里，延长管道、部件使用寿命，也广泛被采用。

（3）氮化硅陶瓷

氮化硅陶瓷具有自润滑性，摩擦系数小，耐磨性好，而且化学性能稳定，具有优良的抗高温性能，即使在 1200℃ 下工作强度仍不降低。

氮化硅陶瓷抗震性是氧化铝陶瓷和任何其他陶瓷材料所不能比拟的，可用于制造耐磨、耐腐蚀的泵和阀、高温轴承、燃气轮机的转子叶片及金属切削工具等，也是测量铝液的热电偶套管的理想材料。

（4）碳化硅陶瓷

碳化硅陶瓷的最大特点是耐高温性能强，具有很高的热传导能力，耐磨、耐蚀、抗蠕变性能高，常被用做国防、宇航等科技领域中的高温烧结材料，即用于制造火箭尾喷管的喷嘴、浇注金属用的喉嘴及热电偶套管、炉管等高温零件。

由于热传导能力高，还可用于制造汽轮机的叶片、轴承等高温强度零件，以及用做高温热交换器的材料、核燃料的包封材料等。

（5）氮化硼陶瓷

氮化硼陶瓷有六方氮化硼和立方氮化硼两种。六方氮化硼具有良好的耐热性，导热系数与不锈钢相当，热稳定性好，在 200℃ 时仍然是绝缘体。

六方氮化硼还具有硬度低、自润滑性好的优点，可用做热电偶套管、半导体散热绝缘零件、高温轴承、玻璃制品成形模具等材料。

立方氮化硼的硬度与金刚石相近，是优良的耐磨材料，可用于制作磨料和金属切削刀具。

# 第二节　耐磨氧化铝陶瓷球生产工艺技术

## 一、陶瓷球原料及坯料制备

### 1. 微晶氧化铝陶瓷及其分类

氧化铝具有多种晶体结构，大部分是氢氧化铝脱水转变为稳定结构的 $\alpha$-$Al_2O_3$ 时所产生的中间相，其结构具不完整性，在高温下具不稳定性，最后变为 $\alpha$-$Al_2O_3$。据文献报道有 $\alpha$、$\beta$、$\gamma$、$\delta$、$\epsilon$、$\eta$、$\theta$、$\lambda$ 等以及无定型氧化铝 12 种晶型，最常见的是 $\alpha$-$Al_2O_3$、$\beta$-$Al_2O_3$、$\gamma$-$Al_2O_3$ 三种晶型。微晶氧化铝陶瓷是指以高纯 $\alpha$-$Al_2O_3$ 为主要原料，以各种陶瓷工艺制成的晶相晶粒尺寸小于 $6\mu m$ 并以刚玉为主要晶相的陶瓷材料。

微晶氧化铝陶瓷通常可分为高纯型和普通型两种。高纯型微晶氧化铝陶瓷是指 $Al_2O_3$ 含量在 99.9％以上的陶瓷材料，其烧结温度达到 1650～1990℃，投射波长在 1～$6\mu m$ 之间，利用其透光性及耐碱金属腐蚀等性能，可做高压钠灯灯管。普通型微晶氧化铝陶瓷按 $Al_2O_3$ 含量不同，可分为 99、95、92、90、85 瓷等品种，其主要作用是制造耐磨、耐腐蚀材料和部件，可用于球磨机的陶瓷研磨体和陶瓷衬板。

### 2. 氧化铝粉体原料

作为陶瓷原料主要成分之一的氧化铝，在地壳中含量非常丰富，在岩石中平均含量为 15.34％，是自然界仅次于 $SiO_2$ 存量的氧化物。一般应用于陶瓷工业的氧化铝原料有两大类：一类是工业氧化铝，一类是电容刚玉。

（1）工业氧化铝

工业氧化铝一般以含铝最高的天然铝土矿（由铝的氢氧化物，如一水硬铝石、一水软铝石、三水铝石等氧化铝的水化物组成）为原料，通过化学法（多采用拜尔—碱石灰法）处理，除去硅、铁、钛等杂质，制备出氢氧化铝，再经煅烧而得。其矿物成分绝大部分是 $\gamma$-$Al_2O_3$。工业氧化铝是白色松散的结晶粉状物料，由许多粒径小于 $0.1\mu m$ 的 $\gamma$-$Al_2O_3$ 晶体组成的多孔球形聚集体。其孔隙率约为 30％，平均颗粒粒径为 40～$70\mu m$。工业氧化铝的三项主要杂质中，$Na_2O$ 和 $Fe_2O_3$ 会降低氧化铝瓷件的电性能，所以，$Na_2O$ 含量应控制在 0.5％～0.6％，而 $Fe_2O_3$ 含量应小于 0.04％。另外，在电真空瓷件中，工业氧化铝不得含有氯化物和氟化物，否则会侵蚀电真空装置。

（2）电容刚玉

电容刚玉是以工业氧化铝或富含铝的原料在电弧炉中熔融，再缓慢冷却，使晶体析晶出来，其 $Al_2O_3$ 含量可达 99% 以上，$Na_2O$ 含量可减少到 0.1%～0.3%；常见电容刚玉的矿物组成主要是 $\alpha\text{-}Al_2O_3$，纯正的电容刚玉呈白色，俗称"白刚玉"。熔制时加入氧化铬，可制成红色的铬刚玉；若加入氧化锆，可制成锆刚玉；电容刚玉中含有 $TiO_2$，则称"钛钢玉"。这一系列的电容刚玉，由于熔点高、硬度大，是制造高级耐火材料、高硬磨具磨料的优质原料。

## 二、陶瓷球生产工艺

### （一）陶瓷球加工工艺流程

陶瓷球的加工工艺流程见图 1-1。

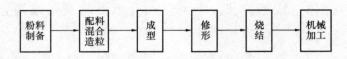

图 1-1　陶瓷球加工工艺流程图

微晶氧化铝陶瓷材料的制备工艺流程如下：

原料配料→研磨加工→制粉→成型（半干压、滚制、等静压）→干燥→烧成→检选（冷加工）→包装入库→出厂

1. 粉料制备

陶瓷体在成型前以粉体形式存在，是大量固体粒子的集合系。粉体粒度、粒度分布与表面特性等对随后所制成陶瓷烧结体的性能具有极大的影响。获得陶瓷粉体的方法如下：

（1）粉碎法

将团块颗粒陶瓷用机械或气流粉碎而获得细粉。机械法是将物料置于球磨机中不停地回转，靠球磨机中的磨球与物料相互撞击被粉碎成细颗粒状。气流法是将物料导入粉碎机内部并通过喷嘴通入压缩空气使物料形成粉碎状，物料互相碰撞、摩擦而细化。

将合格的高温氧化铝粉料根据产品性能的要求与成型工艺的特点，按配方配料后，经研磨设备（球磨机、搅拌磨等）加工至要求的细度，制备出合格的坯用粉料。采用半自动或全自动干压成型，有一定的工艺参数要求，需要采用喷雾造粒法对粉料进行处理（粉料应呈球形颗粒），以利于提高粉料的流动性，便于在成型中自动充填模壁。另外，为了减少粉料对模壁的摩擦，还需添加 1%～2% 的润滑剂（如：硬脂酸铝）及粘结剂 PVA。喷雾造粒后的粉料，必须具备流动性好、密度松散、颗粒组成合理等条件，以获得较大的素坯密度。采用挤压成型或注射成型时，粉料中需引入粘结剂与可塑剂，有机粘结剂应与氧化铝粉体混合均匀，以利于成型操作。采用热压铸工艺成型时，不可加入粘结剂。

（2）合成法

由离子、原子和分子通过反应、成核和成长、收集、后处理而获得微细颗粒。该法制取的粉料纯度高、粒度小而均匀。合成法有固相法、液相法和气相法三种。

2. 成型

陶瓷成型技术是将陶瓷粉体转变成具有一定形状、体积和强度的坯体的过程。氧化铝陶瓷制品成型方法常采用干压法、注浆法、挤出法、等静压法（干法、湿法）、热压铸法等。不同的产品因其形状、尺寸、造型复杂与精度各异，需要采用适合具体要求与操作的成型方法。本书重点介绍微晶氧化铝陶瓷球的等静压成型法。

陶瓷球球坯成型的方法常见的有滚制成型和压制成型，后者包括干压法成型和等静压成型。它们的共同特点是都采用干粉料，在粉料中只含有很少的水分或有机粘结剂。

（1）干压法成型

干压法是一种最简单、最直观的成型方法。只要将经过造粒、流动性好的粉料，倒入球形钢模内，通过模塞施加压力，便可将粉料压制成球形坯体。一般情况下，干压法可以得到比较理想的坯体密度。由于干压成型的坯体比较密实，尺寸比较精确，烧成后收缩较小，所以其机械强度较高。但是该法的致命缺点是：它的加压方向只限于一个方向（上、下或上下同时加压），缺乏侧向压力，压成的陶瓷球坯体结构具有明显的各向异性，烧结时侧向收缩大，机械电气性能也远非各向均匀。

（2）等静压成型

等静压成型是针对干压法制造的毛坯球结构和强度各向异性这一问题而发展起来的。该法通过液体内压力使毛坯球得到均匀的各向加压：将预压好的粉料坯体，包封于弹性的塑料或橡皮胶套内，置入一个能承受高压作用的钢筒中，用高压泵把流体介质（气体或液体）压入筒体，高压流体的静压力直接作用在弹性模套内的粉状物料上，粉料在同一时间、各个方向上，均衡地受到同等大小的压力。

等静压成型过程由以下工序构成：初期成型压力较小，粉体颗粒迁移和重新堆积；中期压力提高，粉体局部流动和碎化；后期压力最大，粉体体积压缩，排出气孔，达到致密化阶段，而获得密度分布均匀和强度较高的压坯。等静压成型对模具并无特殊的要求，压力易于调节，坯体均匀致密，烧结收缩小，各向均匀一致，烧成后的产品具有超高的机械强度。等静压成型又可以分为模压等静压成型和直接等静压成型两种，陶瓷球坯模压等静压成型工艺过程见图 1-2，陶瓷球坯直接等静压成型工艺过程见图 1-3。

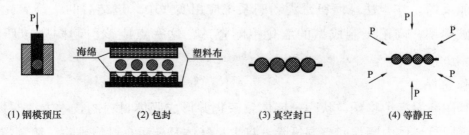

(1) 钢模预压        (2) 包封        (3) 真空封口        (4) 等静压

图 1-2  陶瓷球坯模压等静压成型工艺过程

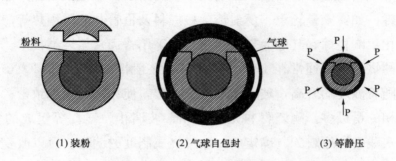

(1) 装粉        (2) 气球自包封        (3) 等静压

图 1-3  陶瓷球坯直接等静压成型工艺过程

钢模压制成型过程中，不论是单向压制还是双向压制，都会出现压坯密度分布不均匀的现象。而等静压成型技术是通过流体介质传递各向同性压力，使粉料压缩成型的方法。与常规成型方法相比，其坯体密度比普通模压成型高 10%～20%，且密度均匀；而达到相同坯体密度值，模压压力要比等静压压力高。在等静压成型过程中，粉体颗粒与塑性包套接触的表面之间没有相对位移，不存在常规模压中的那种模壁摩擦作用。从而可以认为，在等静压过程中，成型压力是在不受或很少受到模壁摩擦力的情况下，通过包套模具的各个方向作用于粉料。

（3）滚制成型

一般情况下，较小的微晶氧化铝陶瓷球（直径在 20mm 以下），常利用滚球机将粉体坯料滚制成球坯。生产工艺过程如下：

粉体坯料→破碎→过筛预制晶种→加入滚球机滚动→喷水雾→添加粉料→喷水雾→添加粉料→滚动长大至预定尺寸→滚动抛光→干燥→球坯

通过控制滚球机的倾角与转速、喷水雾和加粉料的相对量及其时间间隔等参数，可获得圆度好、大小均匀的球坯，这也是减少陶瓷球破损率的关键技术之一。如果粉料过于膨松、比表面积偏大，不易成球，可以在喷雾水中加入少量的粘结剂。

一般来说，滚制成型的球坯坯体密度不如压制成型的球坯坯体密度大。据水泥企业反馈，在干法球磨机水泥粉磨系统应用实践中，烧结后的滚制氧化铝陶瓷球的破损率，高于压制成型的氧化铝陶瓷球，这一点应该引起陶瓷球厂的高度重视。

### 3. 烧结

利用高温窑炉将颗粒状陶瓷坯体致密化并形成固体材料的技术方法叫做烧结。烧结，即将坯体内颗粒间空洞排除，将少量气体及杂质有机物排除，使颗粒之间相互生长结合形成新的物质的方法。目前除一些高附加值氧化铝陶瓷产品或国防军用的特殊零部件，如：陶瓷轴承、反射镜、核燃料及枪管制品采用热等静压烧成方法外，微晶氧化铝陶瓷球和其他大部分高铝瓷都采用普通常压烧结技术。

高铝瓷的烧成温度通常在 $1500 \sim 1790℃$，一般情况下，从 $1200℃$ 开始就会出现玻璃相，随着温度的升高，玻璃相也越来越多，使坯体越来越致密；达到烧成温度时，玻璃相的量最多。陶瓷材料是由晶相、玻璃相、气孔等组成的多相固体材料，在生产实践中，原料配方确定后，通过烧成制度的调整，可以改变高铝瓷的显微结构。

玻璃相是非晶态物质，其作用是多种多样的，它将分散的晶相黏合在一起，抑制晶粒长大及添充气孔，使陶瓷致密；若玻璃相能在较低温度下形成，有助于降低烧成温度，加速烧结过程，阻止晶体转变，抑制晶体长大，形成微晶结构，提高陶瓷产品硬度；在适当温度下保温，会促进晶粒长大或形成第二晶相。但玻璃相的强度比晶相低，热稳定性差，在较低温度下会软化。此外，玻璃相结构疏松，空隙中常有金属离子填充，降低陶瓷的电绝缘性，增加介电消耗。因此，研究添加物的种类、数量，控制玻璃相的数量及分布，对获得不同功能和质量的陶瓷材料和产品，具有十分重要的意义。

### （二）工艺条件对氧化铝烧结性能和显微结构的影响

氧化铝陶瓷制备环节中的各工艺条件都对它的烧结和显微结构有极大影响。这些制备环节包括：粉体的制备过程、粒径及颗粒组成、成型方法、生坯密度、烧结温度、升温速率、保温时间、烧成气氛、是否加压等。

### 1. 原料粉体

原料粉体的影响，主要是指粉体粒径及其颗粒组成的影响，但同时涉及粉体制备的过程、所含的杂质以及处理过程中的团聚现象等。不同的粉体制备方法，由于自身的特点和所采用的原料不同，会导致粉体在杂质的种类和含量、粉体的粒径和颗粒组成上有较大的差异，从而对氧化铝陶瓷烧结和显微结构产生不同程度的影响。例如溶胶-凝胶制备的氧化铝粉有较高的化学均匀性、高纯度、超微尺寸颗粒；而传统拜耳法生成的氧化铝粉的纯度较低，且存在严重的团聚现象。国外学者研究了在保持颗粒中位粒径不变的情况下，改变颗粒粒径分布的标准偏差来考察这种影响。实验结果显示：宽粒径分布使烧结中期致密化速率加快，而窄粒径分布延长烧结中期时间，使烧结后期晶粒粗化现象减少，最终导致密度较高。这是由于颗粒级配的存在，使样品颗粒之间接触点增多，减少了扩散途径的原因。另外，对于给定的粉料系统，存在一个最合适的颗粒分布范围，使样品表现出最好的烧结性。当粗晶粉体与相对少量的细晶粉体掺在一起的时候，对制品是有害的。

2. 生坯密度

生坯的影响包括氧化铝生坯成型方法和生坯密度的影响。氧化铝结构陶瓷的成型，一般采用干法、等静压、热压和等静压热压法等。不同的方法具有不同的特点，对氧化铝陶瓷烧结性能和显微结构的影响也会有所不同，致密化速率强烈依赖生坯密度，而晶体生长则与生坯密度没有关系。烧结体密度在相对密度 0.80 以下时，致密速率强烈依赖生坯密度；当烧结体密度大于 0.80 时，则没有明显影响。

3. 热处理

在所有工艺参数中，温度对氧化铝的烧结是最直接的影响因素。产品的致密化速率、最终结构，往往也反映了它经历过什么样的热处理过程。在烧结早期，未经预热的样品致密化速率缓慢，预热后的样品致密化速率随密度增加而线性增加。烧结后期，经过预热的样品在相对密度 97％ 之后，致密速率下降很快，最终致密度较低；未预热的样品最终致密度稍高。未预热的样品晶粒大，而预热则使晶粒尺寸更加均一。这是由于未经预热的样品，在早期致密化速率下降的时候发生了晶粒长大而造成的。

4. 添加剂

(1) 添加剂对氧化铝烧结的作用

添加剂按对氧化铝烧结的作用效果分为三种：

① 对 $Al_2O_3$ 烧结有明显促进作用（包括 Ti 钛、Nb 铌、Mn 锰、Cu 铜、Ge 锗的氧化物）；

② 对 $Al_2O_3$ 烧结无明显影响（包括 Ga 镓、Y 钇、P 磷、Fe 铁、Th 钍、Ce 铈、Zr 锆、Co 钴的氧化物）；

③ 对 $Al_2O_3$ 烧结起阻碍作用（主要包括卤素金属化合物、碱金属的氧化物等）。

（2）显微结构与性能的关系

时至今日，人们已经就添加剂对 $Al_2O_3$ 烧结的影响进行了大量的研究工作，并通过研究显微结构与性能之间的关系，深入地探讨了添加剂对氧化铝陶瓷的影响，并取得了初步的共识，在此简介如下：

① 添加剂自身或与基体反应生成液相，氧化铝是玻璃相的中间体，在许多玻璃相中都具有一定的溶解度；如 $MgO—Al_2O_3—SiO_2$（MAS）、$CaO—Al_2O_3—SiO_2$（CAS）、$Li_2O—Al_2O_3—SiO_2$（LAS）系统。在这些玻璃相存在的情况下，可通过溶解—沉淀机理，促进氧化铝烧结。同时使氧化铝晶粒在长大的过程中，出现择优生长，在一个方向上具有较高的生长速率，形成棒晶；

②与基体氧化铝形成固溶体；

③与基体氧化铝通过固相反应生长出新的复合相。

5. 其他因素

其他因素主要包括炉内气氛、烧结过程中是否加压等。不同的气氛对烧结质量有一定的影响。如：掺杂质含量为 0.25％的 MgO，$Al_2O_3$ 在氢气和氧气中可烧结到理论密度，而在空气、氮气或氩气中不能烧结到理论密度。压力的存在有助于气体的排出，促进样品的致密。同时，对于无压烧结的样品，气氛对氧化铝材料的密度也有重要影响，不同气氛下的样品的晶粒大小、颗粒组成、晶粒的长径比，都出现明显的差异。氮气气氛下的烧结样品，晶粒的长径比更大，尺寸更小，粒径分布更窄。

陶瓷的制备过程，有着复杂的作用机理和影响方式，制备过程中的每一个步骤，都可能极大地影响到烧结和样品的显微结构。因此，控制好制备过程中的工艺参数，或者引进和研发新的工艺方法以获得理想的结果，一直是材料工作者努力的方向。

（三）微晶氧化铝陶瓷发展趋势

我国先进陶瓷经过多年的发展，在新产品开发、先进陶瓷产业化等方面显示出强劲的势头。氧化铝陶瓷作为先进陶瓷中应用最广泛的一种材料，伴随着整个行业的发展，呈现出以下发展趋势。

1. 技术装备水平快速提高

计算机技术和数字化控制技术的发展，促进了先进陶瓷材料工业的技术进步和快速发展，诸如自动控制连续烧结窑炉、大功率大容量研磨设备、高性能制粉造粒设备、等静压成型设备等先进的成套设备，有力地推动了行业整体水平提高，同时在生产效率、产品质量等方面都有明显改善。

**2. 产品质量水平不断提高**

国内微晶氧化铝陶瓷制品从无到有，产业规模由小到大，产品质量逐步提高，经历了一个快速发展的历程。仅以作为研磨介质的氧化铝制品（如：微晶耐磨氧化铝陶瓷球）为例，某些品种、规格的产品已经达到或接近国际先进水平。在许多领域已经能够全面替代进口产品或成本造价较高的氧化锆产品；并且随着制造技术的发展和低温烧结、高效冷加工技术的不断成熟，微晶氧化铝陶瓷制品的质量将进一步提高。

**3. 产业规模迅速扩大**

微晶氧化铝陶瓷制品作为其他行业或领域的基础材料，受着其他行业发展水平的影响和限制。从目前氧化铝陶瓷的应用情况来看，应用范围越来越广，用量越来越大；特别是水泥工业使用的球磨机水泥粉磨系统，以及其他行业的耐磨、防腐蚀零部件与建筑卫生陶瓷生产方面的用量，逐年递增，更为显著。

总之，微晶氧化铝陶瓷具有稳定的物理化学性能。近年来，在各个领域得到广泛的应用。随着科学技术的发展、制造水平的提高，行业对氧化铝陶瓷性能的要求也不断地提出更新、更高的要求。在《中国高新技术产品目录》中，微晶氧化铝陶瓷耐磨材料及其他以氧化铝为主要原料的陶瓷材料与制品均收录其中。氧化铝陶瓷新材料的研究、开发与应用，将是今后的热点，各种高性能的氧化铝陶瓷新材料、新产品、新技术将不断地涌现。

### 三、氧化铝陶瓷球产品质量标准

目前，氧化铝陶瓷球产品的质量标准执行《耐磨氧化铝球》（JC/T 848.1—2010）（见本书附录一）。

**1. 陶瓷球质量标准简介**

建材行业标准《耐磨氧化铝球》（JC/T 848.1—2010）规定了耐磨氧化铝球产品的术语和定义、分类、规格、要求、试验方法、检验规则以及标志、包装、运输和贮存。该标准适用于氧化铝含量不低于 70％ 的耐磨氧化铝球。现摘要介绍如下：

（1）分类

耐磨氧化铝球按下列方法分类：

① 按成型方法分为：压制球和滚制球。

②　按氧化铝含量分为：70 系列、90 系列、92 系列、95 系列、99 系列，也可按生产协议生产其他系列。

③　按规格尺寸分为：大球 $\phi \geqslant 20mm$、小球 $\phi < 20mm$。

（2）规格

耐磨氧化铝球常用的规格如下。

①　压制球：$\phi 20mm$、$\phi 25mm$、$\phi 30mm$、$\phi 35mm$、$\phi 40mm$、$\phi 45mm$、$\phi 50mm$、$\phi 60mm$、$\phi 70mm$、$\phi 80mm$，也可以按协议生产其他规格。

②　滚制球：$\phi 2mm$、$\phi 6mm$、$\phi 8mm$、$\phi 10mm$、$\phi 13mm$、$\phi 20mm$、$\phi 25mm$、$\phi 30mm$、$\phi 40mm$、$\phi 50mm$、$\phi 60mm$，也可按协议生产其他规格。

（3）外观质量

①　耐磨氧化铝球的外观质量应符合表 1-1 的规定。

表 1-1　耐磨氧化铝球的外观质量

| 项目 | | 外观质量指标 | |
| --- | --- | --- | --- |
| | | 压制球 | 滚制球 |
| 斑点 | | 不允许 | 不允许 |
| 气泡 | | 不允许 | 不允许 |
| 帽檐 | $\phi \leqslant 40mm$ | 帽檐厚度≤2mm 球的比例大于 95%，帽檐厚度≥4mm 的球不允许有 | — |
| | $\phi > 40mm$ | 帽檐厚度≤3mm 球的比例大于 95%，帽檐厚度≥4mm 的球不允许有 | |
| 裂纹 | | 不允许 | 不允许 |
| 碰损粘损 | | 单个球上最大尺寸≤3mm 的不允许超过 1 个；最大尺寸>3mm 的不允许有，有破损、粘损的比例应小于 5% | |
| 粘砂 | | 不允许 | 不允许 |

②　压制球外观尺寸及偏差应符合表 1-2 的规定。

表 1-2　压制球外观尺寸及偏差（mm）

| 外观尺寸 | $\phi < 40$ | $60 \geqslant \phi \geqslant 40$ | $\phi > 60$ |
| --- | --- | --- | --- |
| 尺寸偏差 | ±1.50 | ±2.00 | ±2.50 |

③　滚制球外观尺寸及偏差应符合表 1-3 的规定。

表 1-3　滚制球外观尺寸及偏差（mm）

| 外观尺寸 | $\phi < 2$ | $2 \leqslant \phi < 10$ | $10 \leqslant \phi \leqslant 15$ | $\phi > 15$ |
| --- | --- | --- | --- | --- |
| 尺寸偏差 | ±0.20 | ±0.50 | ±1.00 | ±1.50 |

④　压制球的球形度要求应符合表 1-4 的规定。

表 1-4　压制球球形度

| 产品规格 mm | $\phi<40$ | $40\leqslant\phi\leqslant60$ | $\phi>60$ |
|---|---|---|---|
| 球形度 | $1\pm0.05$ | $1\pm0.045$ | $1\pm0.04$ |

（4）理化性能指标

① 理化性能指标应符合表 1-5 的规定。

表 1-5　理化性能指标

| 分类 | 理化性能指标 | | | | | |
|---|---|---|---|---|---|---|
| | $Al_2O_3$ 含量% | $Fe_2O_3$ 含量% | 体积密度 g/cm³ | 吸水率 % | 耐冲击性 | 莫氏硬度 |
| 70 系列 | $\geqslant70$ | $\leqslant2$ | $\geqslant2.95$ | $\leqslant0.02$ | 无裂缝，无破碎 | $\geqslant8$ |
| 90 系列 | $\geqslant90$ | $\leqslant0.2$ | $\geqslant3.60$ | $\leqslant0.01$ | | $\geqslant9$ |
| 92 系列 | $\geqslant92$ | $\leqslant0.2$ | $\geqslant3.60$ | $\leqslant0.01$ | | $\geqslant9$ |
| 95 系列 | $\geqslant95$ | $\leqslant0.15$ | $\geqslant3.65$ | $\leqslant0.01$ | | $\geqslant9$ |
| 99 系列 | $\geqslant99$ | $\leqslant0.1$ | $\geqslant3.65$ | $\leqslant0.01$ | | $\geqslant9$ |

② 大球的当量磨耗指标应符合表 1-6 的规定。

表 1-6　大球当量磨耗指标

| 分类 | 70 系列 | 90 系列 | 92 系列 | 95 系列 | 99 系列 |
|---|---|---|---|---|---|
| 磨耗系数/当量磨耗 ‰ | $\leqslant0.30$ | $\leqslant0.20$ | $\leqslant0.18$ | $\leqslant0.15$ | $\leqslant0.15$ |

注：当量磨耗参考附录 A。

③ 小球的耐磨系数指标应符合表 7 的规定。

表 1-7　小球耐磨系数指标

| 产品规格 mm | 磨耗系数 g/(kg·h) | | | | |
|---|---|---|---|---|---|
| | 70 系列 | 90 系列 | 92 系列 | 95 系列 | 99 系列 |
| $15<\phi\leqslant20$ | $\leqslant0.20$ | $\leqslant0.12$ | $\leqslant0.12$ | $\leqslant0.10$ | $\leqslant0.10$ |
| $10<\phi\leqslant15$ | $\leqslant0.25$ | $\leqslant0.15$ | $\leqslant0.15$ | $\leqslant0.12$ | $\leqslant0.12$ |
| $8<\phi\leqslant10$ | $\leqslant0.30$ | $\leqslant0.20$ | $\leqslant0.20$ | $\leqslant0.15$ | $\leqslant0.15$ |
| $6<\phi\leqslant8$ | $\leqslant0.40$ | $\leqslant0.25$ | $\leqslant0.25$ | $\leqslant0.20$ | $\leqslant0.20$ |
| $5<\phi\leqslant6$ | $\leqslant0.50$ | $\leqslant0.30$ | $\leqslant0.30$ | $\leqslant0.25$ | $\leqslant0.25$ |
| $\phi\leqslant5$ | $\leqslant0.80$ | $\leqslant0.65$ | $\leqslant0.65$ | $\leqslant0.50$ | $\leqslant0.50$ |

注：磨耗系数参见附录 A。

（5）检验方法

① 外观质量的检验

外观质量检验从 25kg 样本中随机抽取 10 个球，用精度为 0.2mm 的游标卡尺检测。

② 外观尺寸及偏差的检验

外观尺寸检验区外观质量检测合格的 10 个球，用精度 0.02mm 的游标卡尺测量，滚制球在垂直的两个方向上检测直径，压制球测径向尺寸、纬向尺寸，球的直径取算数平均值，外观尺寸及偏差应符合表 1-2、表 1-3 的规定。

③ 球形度的检验

取外观质量检验及尺寸偏差合格的 10 个压制球，用精度 0.02mm 的游标卡尺测量，每个球测径向尺寸、纬向尺寸，径向尺寸和纬向尺寸的差值与规格尺寸的比值。

④ 吸水率的测定

取外观质量检验、尺寸偏差、球形度合格的球，带去去 3 个或 3 组（每组约重 100g），小球取 3 组（每组约重 100g），吸水率遵照 GB/T 8488—2001 中第 5 章试验方法规定的方法检测。

⑤ 体积密度的测定

取外观质量检验、尺寸偏差、球形度合格的球，带去去 3 个或 3 组（每组约重 100g），小球取 3 组（每组约重 100g），体积密度按 GB/T 2997—2000 规定的方法检测。

⑥ 氧化铝含量的测定

遵照 GB/T 6900—2006 中第 9 章氧化铝的测定进行。

⑦ 三氧化二铁含量的测定

遵照 GB/T 6900—2006 中第 10 章氧化铁的测定进行。

⑧ 耐冲击性、磨耗试验

遵照附录 A 的规定。

⑨ 莫氏硬度的测定

按 EN 101—1991 规定的方法检测。

2. 陶瓷球质量引发的思考

2015 年 5 月 27 日，《中国建材报》头版发表了题为《水泥非金属研磨体及粉磨新技术研究获成功》的文章，报道了济南大学两位中年教师在山水集团球磨机水泥粉磨系统中，应用陶瓷球替代钢球、钢锻节电效果明显的消息，拉开了全国在水泥行业应用陶瓷球的"大幕"，"陶瓷球在通用硅酸盐水泥中的应用"也成为水泥行业的热门话题，不少科研院所和企业都加入了研发推广的行列，一些大型水泥集团也纷纷组织力量进行考察和试验。然而经过一年多的生产实践，在水泥粉磨系统取得节电效果的同时，"破球"和"减产"两大难题，引起了广大水泥员工的关注。

2015 年以前，陶瓷球主要用于化工行业和陶瓷行业作为填料、催化剂或研磨介质等。在水泥行业球磨机粉磨系统也有应用，仅仅作为白水泥和彩色水泥的研磨体，主要是该特种水泥为防止颜色污染的一项措施；而且大部分是用在间歇球磨机或湿法球磨机内，由于磨机转速较低、同时料浆的存在，它会起到缓冲作用。所以，对于陶瓷球的韧性和强度的要求均不太高，陶瓷球的碎球率（亦称：破损率）都比较低。如今环境和工作条件发生了变化，出现问题也是在所难免的事情，为此，2016 年 8 月 23 日《中国建材报》发表了题为《解决陶瓷球两大应用难题之我见》的文章，并附加了"编者按"，摘要如下：

"近年来，部分院校和企业出于节能降耗的目的，在通用硅酸盐水泥粉磨系统，进行了利用陶瓷球代替钢球、钢锻的系列研究与开发，取得了明显效果。但由于各种原因，陶瓷球应用技术还没有被大多数水泥企业认可。由此带来的一些问题，在认识上仍显不足。个别陶瓷球供应商对水泥生产工艺缺乏了解，盲目地一哄而上，夸大其词；过多的'破球'和'减产'，不仅给水泥企业带来经济损失，而且使其对陶瓷球应用的可行性产生质疑。为了进一步创新驱动、规范市场，推进供给侧结构性改革，指导水泥企业正确使用陶瓷球，实现节能降耗目的，本报特邀济南大学陈绍龙教授以其亲临现场指导的经验总结，来解析当前陶瓷球应用的技术难题，以飨读者。"

3. 陶瓷球质量标准亟待修订

质量发展是兴国之道、强国之策。质量反映一个国家的综合实力，是企业和产业核心竞争力的体现，也是国家文明程度的体现；既是科技创新、资源配置、劳动者素质等因素的集成，又是法治环境、文化教育、诚信建设等方面的综合反映。国家对产品质量问题越来越重视，把提高产品质量当做一项重要工作来抓，而质量强国的首要任务就是抓标准，标准化在保障产品质量安全、促进产业转型升级和经济提质增效等方面起着越来越重要的作用。

产品质量标准是产品生产、检验和评定质量的技术依据。它包括产品的内在质量、外观质量、产品检验方法等。产品质量特性一般以定量表示，例如强度、硬度、化学成分等；对于难以直接定量表示的，如舒适、灵敏、操作方便等，则通过产品和零部件的试验研究，确定若干技术参数，以间接定量反映产品质量特性。对企业来说，为了使生产经营能够有条不紊地进行，则从原材料进厂，一直到产品销售及其用户签约、验收、考核、评价、认定等各个公关、交易环节，都必须有相应标准作保证。它不但包括各种技术标准，而且还包括管理标准以确保各项活动的协调进行。严格把好质量关，不仅是产品生产厂家的立足之本，也是社交、营销中信誉的基本保证，要切实做到"五不准"：

（1）不合格的产品不准出厂，也不得计算产量、产值；

（2）不合格的原材料、零部件不准投料、组装；

（3）已公布淘汰的产品不准生产和销售；

（4）没有产品质量标准、没有质量检验机构、没有质量检测手段的产品不准生产；

（5）不准弄虚作假、以次充好、伪造商标、假冒名牌。

现行陶瓷球质量标准《耐磨氧化铝球》（JC/T 848.1—2010）是陶瓷球尚未进入新型干法水泥生产企业及其球磨机水泥粉磨系统之前颁布实施的。而且，在今后相当长时间内，陶瓷球还不可能完全取代金属研磨体（钢球、钢锻），还必须与钢球、钢锻在球磨机内，分仓同时使用；因此，现行的《耐磨氧化铝球》（JC/T 848.1—2010）标准，完全有必要参照行业标准《建材工业铬合金铸造磨球》（JC/T 533—2004）的有关内容，进行修改和补充，尤其是"耐冲击性、磨耗试验方法"部分。

在《建材工业用铬合金铸造磨球》（JC/T 533—2004）标准中，铬合金铸球质量的考核指标，采用研磨体在水泥企业正常工况条件下，管磨机运转 2000～3000 小时，来检测、计算研磨体的碎球率和球耗；而且有工艺条件和量化指标的具体规定（见附录二），在供应商与用户（水泥厂）的供销活动中，方便供需双方评价与操作（表1-8）。

表1-8　铬合金铸球碎球率和球耗指标（及作者建议氧化铝陶瓷球质量指标）

| 项目名称 | 高铬铸球 | 中铬铸球 | 低铬铸球 | 氧化铝陶瓷球 |
|---|---|---|---|---|
| 碎球率（%） | ≤0.8 | ≤1.5 | ≤2.5 | ≤0.8 |
| 球耗（g/t 水泥） | ≤30 | ≤50 | ≤80 | ≤30 |

### 4. 降低陶瓷球碎球率的途径

"降低陶瓷球碎球率"是推广应用陶瓷球的必备条件；"用好陶瓷球、节能降耗"是水泥企业的迫切需求。只要陶瓷厂和水泥企业团结合作、精心操作，一定能在最短的时间内，把这项经济实惠的技术掌握好，实现互利双赢。

降低陶瓷球碎球率的途径，应从"优化陶瓷球生产工艺"和"合理使用陶瓷球"两个方面认真总结、积累经验。

（1）配料方案中添加"增韧"元素：陶瓷球属无机非金属材料，当它的硬度、耐磨性达到一定程度后，韧性不足的弱点就显现无疑了。球磨机内部的衬板和构件，目前都是铸钢材质；球磨机内部研磨体和粉磨物料的运动状态，也是在滚动、滑动、冲击、碰撞等错综复杂、变换交替地进行着；因此，陶瓷球在粉磨物料的同时，本身也受到了不同形式、不同方向、不同大小的反作用力。此时除耐磨、抗蚀之外，抗冲击的韧性，就显得十分重要。专门针对干法水泥粉磨而开发的陶瓷球产品，必须加入微量元素（如：氧化锆等）改性增韧，才能保证它不仅强度高，而且还具备较好的韧性。

（2）优选成型方法：陶瓷球成型方法常见的有压制球和滚制球两种。工艺过程的差异，导致成型、焙烧后的球石内部晶体结构不同，密实程度和抗冲击的能力也不一样；优先采用等静压成型法，提高生坯体密度，对氧化铝陶瓷球烧结性能和显微结构的改善极为有利。通过多次、反复的破坏性试验，我们发现：在研磨水泥物料的过程中，相同材质、相同规格的陶瓷球，压制球破损率低于滚制球。

（3）合理调控热工制度：加强计算机技术和数字化控制技术的发展，实现烧成工艺自动化，合理调控热工制度（如：烧结温度、升温速率、保温时间、烧成气氛等），降低烧成温度，加速烧结过程，阻止晶型转变，抑制晶体长大，制造出玻璃相含量低、微小晶粒结合为主的结构态陶瓷，从微观结构上解决陶瓷球的质量问题。不间断地对陶瓷球烧结过程、显微结构进行深入研究，实现我国陶瓷工业技术进步从传统陶瓷到先进陶瓷的飞跃。

（4）陶瓷球不宜用在球磨机的冲击粉碎仓：在水泥粉磨过程中，当入磨物料粒度≥5mm时，球磨机的第一仓，需要研磨体处于抛落状态，以冲击粉碎作用为主，将大块物料粉碎成细颗粒。此时，研磨体不仅受到强大的"反作用力"，而且也难免碰撞到磨内密布的铸钢衬板、隔仓板及其他构件上；所以，这样的工况不适合韧性有限的陶瓷球工作，否则，会出现较高的破损率。

（5）空仓装磨时，先加料，后加球：我国水泥行业已经强制性地淘汰了$\phi3m$以下的球磨机；各企业在研磨体装磨时，都采用电动葫芦吊装卸球，此时的落差都在3m以上，陶瓷球卸落到铸钢衬板上，会使球体内部产生不同程度的微裂纹，影响陶瓷球的使用寿命。所以，空仓装磨时应先加进2～3t物料（或散装水泥），缓解冲撞力，保护陶瓷球。

# 第二章 水泥粉磨工艺及设备

## 第一节 水泥粉磨工艺流程

### 一、水泥粉磨工艺简介

水泥生产过程简称为"两磨一烧",即:磨生料、烧熟料、磨水泥。详细一点说,就是:将石灰石、黏土、铁粉等原料按一定比例,配合在一起磨细成为"生料";将生料送进窑炉里,在高温下(1250～1350℃)煅烧成为"熟料";再将熟料、石膏、混合材料(工业废渣)等按一定比例,配合在一起磨细成为"水泥"。

固体物料经粉磨后,内部晶体结构发成变化,表面能增大,微细颗粒含量也增加,可以提高物理化学反应的速度,容易混合均匀,提高均化效果,并为烘干、储存、煅烧、包装、输送等工艺环节创造了有利条件。

每生产一吨水泥,大约需要粉磨多种物料3～4t;粉磨工艺过程的电耗,占全厂生产总电耗的60%～70%;因此,选择先进的粉磨工艺流程,提高粉磨岗位操作水平,对水泥生产线整个运营,实现优质高产、节能减排具有重要意义。

1. 颗粒大小的表示方法

(1)粒度与细度:表示物料颗粒大小的名称。在大块变小块的过程中,一般称其为"粒度";在粗粉变细粉的过程中,一般称其为"细度"。在水泥行业,表示物料颗粒大小的方法常见四种:平均粒径、筛余、比表面积和颗粒组成。

(2)平均粒径:表示物料颗粒大小的平均尺寸称之为"平均粒径"。利用各种仪器、量具来进行多方位的测试,再将其测量结果进行数学处理,就可以得到各种表达形式的平均粒径。如:算术平均粒径、几何平均粒径、调和平均粒径等。水泥厂最常用的则是算术平均粒径。算术平均粒径 $d_m$ 计算式如下:

$$d_m = \frac{长+宽+高}{3} = \frac{L+B+H}{3}$$

(3)筛余:在物料中取代表性的试样,经过筛析后,留在筛面上的物料称之为筛余(又称"筛上");通过筛孔的物料称之为"筛下"。用筛析后的测试结果,来表达物料颗粒大小的方式有两种,当量径和筛余百分数。

某一堆物料（颗粒群）中有80％的物料能通过了某一孔径的筛网，则可以用该筛网的筛孔尺寸作为当量径，来代表这堆物料的平均粒径，标记为：$d_{80}$，如：入磨物料粒度 $d_{80}$＝20mm；即：入磨物料中80％都小于20mm。

粉状物料常用筛余百分数作为控制指标。它是指某一粉状物料在经过取样筛析后，筛余量占物料筛析总量的百分数，标记为：$R$＝％，以此来代表这些粉状物料的颗粒大小。筛孔尺寸写在 $R$ 的右下角，筛余百分数的数值写在％的前面。如：水泥细度 $R_{0.08}$＝1％，它的含义是用0.08mm方孔筛对水泥筛析后，它的筛余是1％。筛余百分数数值越大，物料越粗；反之，数值越小，物料越细。

（4）比表面积：单位质量物料的总表面积称之为比表面积。其计量单位是 $m^2/kg$，主要用于成品水泥的细度检验。国家标准规定用透气仪（勃氏法）进行测定，主要是根据一定量的空气通过具有一定空隙率和固定厚度的水泥层时，所受阻力不同而引起流速的变化来测定水泥的比表面积。如：国家标准 GB 175 规定，占我国水泥产量90％以上的通用硅酸盐水泥的比表面积要大于300 $m^2/kg$。比表面积的数值越大，表示水泥产品越细；反之，数值越小，水泥产品越粗。通过实验测试磨内物料粒径变化与相对比表面积的结果见表2-1。

表 2-1　颗粒粒径与相对比表面积的变化

| 颗粒粒径（$\mu m$） | 80 | 45 | 30 | 20 | 10 | 5 | 3 | 2 |
|---|---|---|---|---|---|---|---|---|
| 颗粒数量（个） | 1 | 6 | 19 | 64 | 512 | 4096 | 18963 | 64000 |
| 相对比表面积 | 1 | 1.77 | 2.7 | 4 | 8 | 16 | 26.7 | 40 |

从表2-1的实验测试结果可以看出：一个80$\mu m$的颗粒，粒径变成5$\mu m$后，颗粒数量变成了4096粒，比表面积将比原来增大16倍；粒径变成3$\mu m$，颗粒数量将变为18963粒，其比表面积将增大26.7倍。所以说，5$\mu m$以下的微细颗粒对比表面积的影响十分敏感；尤其是水泥产品，往往是受混合材料易磨性的好坏直接影响所致。"比表面积大并不等于水泥强度一定高"，反而会影响水泥的需水性等使用性能。比如：我国"高铁水泥"就规定了专用水泥比表面积上限不得超过350$m^2/kg$。

（5）颗粒组成：对物料（颗粒群）用连续、分区间尺寸范围的百分含量来表示各种颗粒的大小称之为"颗粒组成"（又称：颗粒级配或颗粒分布），常用激光颗粒分析仪来测定其结果，它对水泥粉磨系统的诊断和生产指导有明显作用。

实践证明：不同尺寸范围的颗粒含量的多少，对水泥产品的技术指标及其物理化学性质有着至关重要的影响。如：水泥的早期强度、后期强度，需水性、水化活性、与混凝土外加剂的相容性等。在水泥行业，常用列表法、数学方程式和坐标图线三种形式来进行表达水泥产品的颗粒组成情况。某厂 42.5 级普通硅酸盐水泥的颗粒组成见表 2-2。

**表 2-2　某厂 P·O 42.5 水泥产品颗粒组成（%）**

| 粒径范围（μm） | 0～5 | 5～10 | 10～20 | 20～30 | 30～50 | 50～80 | >80 |
|---|---|---|---|---|---|---|---|
| 颗粒组成（%） | 9.98 | 11.56 | 21.51 | 24.86 | 19.98 | 11.50 | 0.61 |

### 2. 物料的易磨性

物料被粉磨的难易程度称之为"易磨性"。评价易磨性的工艺参数分为：粉磨功指数和相对易磨性系数。其测定方法如下：

（1）粉磨功指数：按国家标准《水泥原料易磨性试验方法》（GB 9964—88）中规定，以粉磨功指数表示各种原材料的易磨性。这一指数是用特制的试验磨（$\phi 305 \times 305$ 邦德磨）及其规定的实验步骤和计算方法，检测试样物料的粉磨功指数 $W_i$（kWh/t）；其物理意义是：被测物料从规定的入磨粒度粉磨为成品时所需要消耗的能量。其数值越大，物料越难磨。常见物料的粉磨功指数 $W_i$（kWh/t）见表 2-3。

**表 2-3　常见物料的粉磨功指数 $W_i$（kWh/t）**

| 物料名称 | 粉磨功指数 | 物料名称 | 粉磨功指数 | 物料名称 | 粉磨功指数 |
|---|---|---|---|---|---|
| 黏土 | 7.10 | 煤 | 11.37 | 高炉矿渣 | 14.16 |
| 石膏 | 8.16 | 石灰石 | 11.61 | 石英砂 | 16.46 |
| 萤石 | 9.76 | 水泥熟料 | 13.49 | 钢渣 | 19.72 |

（2）相对易磨性系数。相对易磨性系数表示：将不同物料与标准物料对比时，被粉磨的难易程度。

① 以湿法回转窑的水泥熟料为标准物料的相对易磨性系数

规定湿法回转窑熟料的易磨性系数为 1.0。对于不同物料，相对易磨性指数越高，表明物料越好磨（易磨性越好）。水泥厂常见物料的相对易磨性系数见表 2-4。

**表 2-4　水泥厂常见物料的相对易磨性系数**

| 物料名称 | 相对易磨性系数 | 物料名称 | 相对易磨性系数 |
|---|---|---|---|
| 湿法回转窑熟料 | 1.00 | 70%熟料＋30%矿渣 | 0.90 |
| 干法回转窑熟料 | 0.94 | 硬质石灰石 | 1.27 |
| 立窑熟料 | 1.12 | 中硬石灰石 | 1.50 |
| 泥灰岩 | 1.45 | 软质石灰石 | 1.70 |

② 以标准砂（福建平潭砂）为标准物料的相对易磨性系数

以标准砂为标准物料的相对易磨性系数的测定与计算方法如下：先取 3kg 标准砂（平潭砂）置于化验室试验小磨（$\phi500mm \times 500mm$）中，粉磨至比表面积为 $(300\pm10)m^2/kg$，如耗时为 $t$ 分钟。再取 3kg 被测物料（如系大块的物料，则必须预先经破碎至 $\leqslant 7mm$）置于上述试验小磨中粉磨 $t$ 分钟，测定其比表面积，并以其除以标准砂的比表面积 $[(300\pm10)m^2/kg]$ 所得的商即为该物料的相对易磨性系数。相对易磨性系数越大，物料越容易粉磨；反之，越小越难磨。这与国家标准中规定的表示物料易磨性的"粉碎功指数"正好相反，粉碎功指数越小，物料就越容易被粉磨。

相对易磨性系数与物料的结构有很大关系，即使是同一种物料，它们的易磨性系数也不尽相同。如结构致密、结晶好的石灰石，其易磨性系数就小，难磨。熟料的易磨性与各矿物组成的含量、冷却环境有关。实践表明，熟料中 $KH$ 值和 $P$ 值高，$C_3S$ 量多，$C_4AF$ 少，冷却得快，其质地较脆，则易磨性系数就大；如 $KH$ 值和 $P$ 值较低，$C_2S$ 和 $C_4AF$ 含量与冷却缓慢相关，或因还原气氛而结成大块的熟料，必然致密，韧性大，易磨性系数小，很难磨。矿渣的易磨性系数相差也很大，刚出炉经水淬急冷处理的矿渣，疏松多孔，颗粒细小，其易磨性系数就大，约为 $1.2\sim1.3$；如出炉矿渣明显降温后再水淬，则结晶颗粒致密，比重大，其易磨性系数就小，约为 $0.7\sim0.9$，很难磨。

这是一种最直接、最直观的试验方法。该方法特别适合于各种新型干法水泥粉磨系统。水泥厂常见物料与标准砂的相对易磨性系数见表 2-5。

表 2-5　水泥厂常见物料与标准砂的相对易磨性系数

| 物料名称 | 相对易磨性系数 | 物料名称 | 相对易磨性系数 |
| --- | --- | --- | --- |
| 粉煤灰 | 2.75 | 熟料 | 0.82 |
| 石灰石 | 1.76 | 矿渣 | 0.78 |
| P·O 42.5 水泥 | 1.01 | 钢渣 | 0.46 |

3. 粉磨工艺流程图

（1）基本规则

粉磨工艺流程图是水泥行业内技术工人及工程技术人员进行技术交流的工程语言和相互沟通的重要工具。目前没有国家标准规定，但经过行业内几十年的技术交流、淘汰、筛选，已经自然形成部分达成共识的绘制规则；随着水泥工业技术进步的发展，绘制规则也在与时俱进、不断充实完善，现归纳如下：

① 工艺流程中的主要设备和设施（包括主机、通风、除尘设备及重要的辅机、

构筑物等）画简易外形轮廓表示；

② 气力输送设备要求画出，而机械输送设备或设施及管道一般可以不画；按其物料输送方向或气体流动方向以箭头表示；以物料输送为主的流程，以实线加箭头表示；以气体流动为主的流程，以虚线加箭头表示。

③ 设备、设施构筑物名称，物料或气体名称及其进出口位置，都应该用简单、准确、通俗的文字标注清楚。必要时，还可以加注各段流程的主要工艺技术参数。

④ 工艺流程中关键的管道阀门应尽量画出，按机械设计手册中的国家标准《液压及气动图形符号》（GB 786）作为绘制依据并附加文字标注。

⑤ 工艺流程图力求图面布置简洁明了。它与实际车间工艺布置图有所不同，既要参照实际车间工艺布置情况作为绘制的基本依据，又不必苛求严格的定位尺寸和比例关系，重在表现组成系统的主要设备、设施以及物流和气流的来龙去脉。

⑥ 在科技交流或公开发表文章时，对自己绘制的工艺流程图，应尽可能地作出简单、必要的说明；一般要介绍系统主要设备的规格型号，然后先按物料流程，后按气体流程，分别阐述工艺过程及技术特点。

（2）工艺流程图举例（图 2-1）

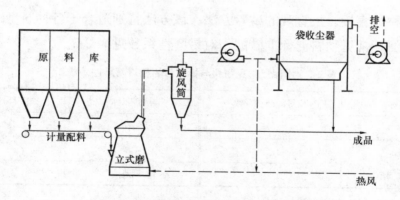

图 2-1　立式磨一级水泥粉磨工艺流程图

某企业采用国产立式磨粉磨水泥，立式磨自成一级闭路粉磨系统，该系统采用旋风收尘器与袋收尘器，组成二级细粉收集系统；旋风筒的细粉收集效率（或称：收尘效率）约 75%～85%，大部分 ≥10μm 的细颗粒被收集下来，而其余的细粉由袋收尘器收集完成，袋收尘器的入口浓度大为降低，其结构、材质要求可以放宽。该工艺流程如图 2-1 所示。

立式磨一级水泥粉磨工艺流程说明：

① 物料流程：水泥熟料、石膏、混合材等配合料→计量配料→库底带式输送机→立式磨→旋风收尘器→袋收尘器→螺旋输送机、斗式提升机→水泥库；

② 气体流程：热风→立式磨→旋风收尘器→1号排风机→袋收尘器→2号排风机→排空。

循环风（余热利用）

## 二、开路粉磨系统

物料经粉磨设备粉磨后即为成品的流程，称之为"开路流程"或称"开路系统"。简称为"开流"。一般来说，开路流程比较简单，使用设备不多，占地面积和一次性投资少，工艺布置容易，维护检修方便，但对粉磨产品质量的稳定性和均匀性控制不利。

在开路粉磨系统中，由于物料必须全部达到成品细度后才能出磨，因此当要求产品细度较细时，容易被磨细的物料将会产生过粉磨现象，并在磨内形成缓冲层，妨碍粗料进一步粉磨，甚至出现细粉包球现象，磨内的微细粉产生静电吸附，糊球、糊衬板，造成磨内作业环境恶化，从而降低了粉磨效率，磨机产量下降、单位产量的电耗增高。普通球磨机一级开路流程见图2-2。

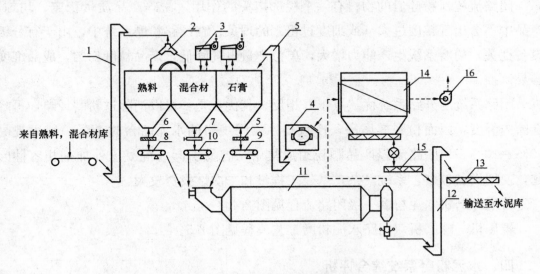

图2-2 普通球磨机一级开路流程

1、5、12—斗式提升机；2—下料溜管；3—单机收尘器；4—锤式破碎机；

6、7、8、9、10—配料计量设备；11—球磨机；13、15—螺旋输送机；

14—袋收尘器；16—排风机

辊压机—球磨机联合粉磨开路流程见图2-3。

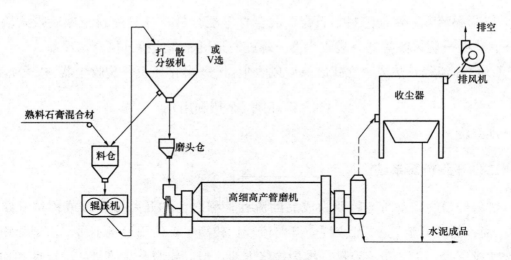

图 2-3　辊压机—球磨机联合粉磨开路流程

### 三、闭路粉磨系统

物料经粉碎设备粉碎后，必须经过分级设备过筛或选粉机分选，细度合格的物料为成品；不合格的物料，要返回粉磨设备重新再粉磨的流程称之为"闭路流程"；或称"闭路系统"。简称为"圈流"。

闭路流程对粉碎后的物料有一个检选把关的作用，粉碎产品质量稳定、均匀，产品中不会出现粒度过大（或细度过粗）的现象；在闭路粉磨系统中，由于有分级设备把关，粉磨系统生产能力增大，单位产量电耗降低，产品粒度均匀，成品细度容易调控。

闭路系统与开路系统优缺点正好相反。其优点是：可以消除过粉磨现象，可降低磨内温度，因而粉磨效率高，产量高；相同规格的水泥磨台时产量一般可提高10%～20%。但闭路流程产品颗粒组成集中，容易引起与混凝土外加剂相容性问题，使用设备较多，系统复杂，基建工程量和一次性投资较大。

普通球磨机水泥粉磨一级闭路流程见图 2-4。

辊压机—球磨机双闭路水泥粉磨工艺流程见图 2-5。

### 四、水泥粉磨系统综合评析

水泥粉磨系统目前国内常见以下几种工艺流程：

开路系统：普通球磨机一级开路流程，高细高产管磨机一级开路流程；

闭路系统：普通球磨机一级闭路流程；

　　　　　普通球磨机二级闭路流程；

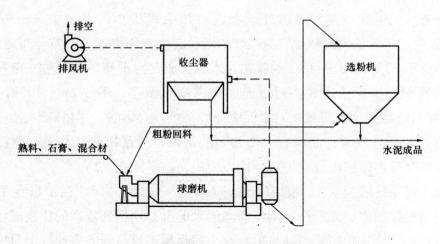

图 2-4　普通球磨机水泥粉磨一级闭路流程

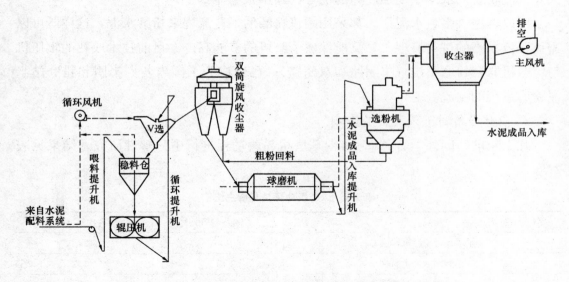

图 2-5　辊压机—球磨机双闭路水泥粉磨工艺流程

普通球磨机分别粉磨流程；

辊压机与球磨机联合粉磨流程（单闭路、双闭路）；

立式磨与球磨机联合粉磨流程；

辊压机终粉磨流程；

立式磨终粉磨流程。

## 1. 粉磨产品质量

对于水泥粉磨产品来说，水泥颗粒组成是决定水泥性能的主要因素之一。目前一般公认的水泥（熟料）最佳颗粒组成为：$3\sim30\mu m$。其中 $0\sim10\mu m$ 的水泥颗粒早期强度高；$10\sim30\mu m$ 水泥颗粒后期强度高。

20 世纪 80 年代中期，国内外学者进一步明确提出：水泥中 $3 \sim 30 \mu m$（或 $32 \mu m$）颗粒（尤其是熟料颗粒）对强度的增长起主要作用，其颗粒分布是连续的，总量应不低于 65%；$16 \sim 24 \mu m$ 的颗粒对水泥性能尤为重要，含量愈多愈好；小于 $3 \mu m$ 的细颗粒，水化速度快，对水泥产品强度贡献小，不要超过 10%；而大于 $64 \mu m$ 的颗对远期强度有贡献，对水泥企业经济效益有影响，尽量减少。

2007 年以前，水泥行业内有一个共同的认识，开路粉磨的水泥，颗粒组成范围宽，水泥颗粒中微细粉含量较多，比表面积高，早期强度高。

实施《通用硅酸盐水泥》国家标准（GB 175—2007）后，在市场竞争中各企业的水泥细度控制值更加严格，圈流粉磨的水泥也必须达到较高的比表面积和合理的颗粒组成，系统选粉机采用高浓度袋收尘器收集细粉，能够实现这个目标值；因此，开流粉磨的水泥早期强度高的优势已经不很明显。

所以，绝大多数水泥厂，都采用圈流粉磨的工艺流程来粉磨水泥，这样既可以避免开流粉磨的过粉磨现象，又能保证了磨机的节能高产。目前技术成熟的辊压机与球磨机联合粉磨系统（单闭路和双闭路），已经成为了国内各大集团和粉磨站水泥粉磨系统的主流。

2. 粉磨设备对工艺流程的影响

几十年前，国外学者 Anselm 对球磨机粉磨功耗进行了分解性研究，结果见表2-6。

**表 2-6 球磨机功耗及其所占比例**

| 功耗名称 | 功耗（kWh/t） | 所占比例（%） |
|---|---|---|
| 轴承、齿轮纯机械损失 | 57 | 12.2 |
| 粉磨产品带走的热 | 212 | 45.5 |
| 磨机筒体辐射散热 | 30 | 6.4 |
| 磨机通风废气带走的热 | 130 | 27.9 |
| 其他（磨耗、噪声、振动、水分蒸发等） | 24 | 5.2 |
| 理论粉碎做功 | 13 | 2.8 |
| 合计 | 466 | 100 |

Anselm 的研究成果表明：球磨机的能量利用率极低，应该尽快淘汰。为什么半个世纪过去了，新型节能磨机（辊压机、立式磨、辊筒磨等）相继登场，能量利用率都在 40% 以上，而球磨机还在为水泥工业服务呢？

球磨机 1876 年问世，是水泥工业的第一代粉磨设备，连续生产的球磨机 1891 年投入工业生产使用。尽管它历史久远，与物料只能是"点接触"，属"单颗粒粉碎"原理，能量利用率仅有 3% 左右，但目前仍旧是我国水泥工业应用比率最高的重要粉磨设备。除操作、维护简单，调控方便，故障少，物料适应性强之外，主要原因有两点：一是对多组分物料配合的水泥产品"粉磨兼均化"；二是对水泥产品颗粒"球化造粒"（提高颗粒球形度），其他粉磨设备无法实现。而这两项功能，正是水泥产品"质量稳定"及"后期强度增进率提高"至关重要的保证。

立式磨粉磨属于"料层粉碎"原理，入料粒度大，噪声低，节能效果好。立磨终粉磨系统有烘干兼粉磨作用，特别适合水分较大的或单品种物料粉磨，如生料、煤粉、石膏粉、矿渣粉等。对于要求比表面积高的多组分配合料，磨机运行的平稳性会降低，产品颗粒形貌球形度低，对水泥产品的使用性能有影响。

辊压机水泥终粉磨系统在我国才刚刚起步，它的粉磨机理与立式磨一样，同属于"料层粉碎"原理，能量利用率更高，粉磨电耗更低。工业性试验证明，该系统对入料的均一性要求严格，生产的水泥产品颗粒分布窄，球形度很低，石膏颗粒偏粗，铝酸三钙活化不佳，导致水泥需水量高，对水泥产品使用及与混凝土外加剂的相容性都有一定影响，用于矿渣粉、钢渣粉生产，效果较好。因此，它与球磨机组成联合粉磨系统，各自发挥优势，被广为应用。

近年来，为了大幅度提高粉磨系统台时产量，在辊压粉磨的预粉磨阶段，用动态高效选粉机选出一部分细度已经合格的微粉料：一般细度筛余 3%～10%（0.045mm），比表面积 360m$^2$/kg，提前作为成品，称其为"半终粉磨工艺流程"。由于减少了部分微粉料在球磨机内再粉磨，大大降低了球磨机内过粉磨现象，提高了球磨机的粉磨效率。

但由于微粉料的提前支取，造成其化学成分与出球磨机的粉料化学成分不一致，尤其在大量提取半成品微粉料时，容易引起入水泥库的产品质量变得不够稳定。

（1）由于未经过磨机内研磨体研磨，造成其颗粒微观形状的球形度较差。

（2）在水泥施工应用时，会造成需水量较大，净浆流动度偏小，甚至影响水泥的使用性能。

因此，实践证明：半终粉磨工艺流程不宜在水泥粉磨系统单独使用。

3. 典型水泥粉磨系统评析

我国水泥企业常见水泥粉磨系统综合技术经济指标对比评价见表2-7。

表 2-7　常见水泥粉磨系统综合技术经济指标对比评价

| 项目名称 | 球磨机闭路粉磨 | 辊压机球磨机联合粉磨 | 立式磨终粉磨 |
|---|---|---|---|
| 工艺流程复杂性 | 简单 | 较复杂 | 较简单 |
| 操作维护 | 较简单 | 较复杂 | 较复杂 |

续表

| 项目名称 | 球磨机闭路粉磨 | 辊压机球磨机联合粉磨 | 立式磨终粉磨 |
|---|---|---|---|
| 占地面积 | 较大 | 大 | 较少 |
| 水泥质量市场认可程度 | 广泛认可 | 广泛认可 | 尚未广泛认可 |
| 生产水泥品种的灵活性 | 有一定难度 | 不够灵活 | 灵活 |
| 粉磨兼烘干能力 | 弱、影响产量 | 弱、影响产量 | 强、不影响产量 |
| P·O42.5 水泥粉磨效率 | 较低 | 节能高产 | 节能高产 |
| 吨水泥粉磨电耗（kWh/t） | 34～35 | 28～30 | 26～28 |
| 粉磨介质寿命（年） | ≥3 | ～2 | ～2 |
| 年平均运转率（%） | 85～95 | 80～85 | 85～90 |
| 总投资（以球磨机为1） | 1 | 1.25 | 1.3 |

# 第二节　水泥粉磨工艺设备

## 一、辊压机

### 1. 工作原理

辊压机又称"挤压机"，是 20 世纪 80 年代发展起来的一种新型粉磨设备。1977 年由德国人申报专利，1984 年制造了第一台样机，1985 年 12 月才正式投入工业使用。我国在 1990 年由合肥水泥研究院研制成功第一台辊压机，通过国家技术鉴定。

辊压机是由两个相向旋转的磨辊组成，其中一个为固定辊，另一个则为活动辊，接受液压系统传递的挤压力，并可以在机架的内腔作水平移动。磨辊由两台电机分别驱动，物料由机架上部的加料装置均匀地喂入，在旋转磨辊的作用下，被带入两辊之间形成的粉碎腔，并受到强大的挤压作用，随着物料的下沉，料层之间的空隙越来越小，挤压的强度越来越大，直至辊缝的最窄处，压力强度达到最大值，粉碎后的物料，被挤压成料饼的形状而卸出。

在整个粉碎过程中，物料被封闭在一个狭小的空间内，挤压力迫使物料之间相互作用，直至断裂、压碎、压实。被挤压过的物料细粉含量较高，而且在物料颗粒上存在大量微裂纹，其易磨性得以改善，这对下一步的粉磨极为有利。活动磨辊的挤压力是通过物料料床传递给固定磨辊的，不存在球磨机那样的无效碰撞和摩擦，大部分能量都用于物料粉碎上，因而能量利用率很高，这是该设备节能、高产的主要原因。

## 2. 机械构造与工作特点

辊压机机械构造如图 2-6 所示，由加料装置、磨辊、传动装置、液压系统、润滑系统、机架和安全保护罩等几大部分组成。

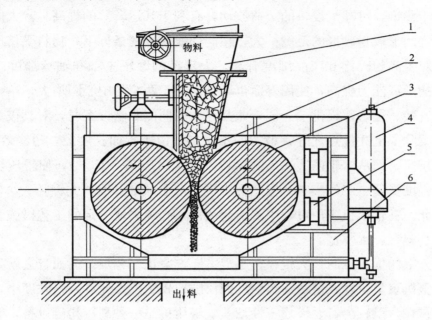

图 2-6 辊压机构造

1—加料装置；2—固定辊；3—活动辊；4—储能器；5—液压油缸；6—机架

辊压机的规格以磨辊直径和宽度表示。例如 HFC150/100 的代号含义："HFC" 代表合肥水泥研究设计院，辊压机的磨辊直径为 1500mm，磨辊宽度为 1000mm。磨辊长径比不同，各具特色。辊压与辊缝宽度调控出料粒度。

辊压机在水泥工业生产中主要应用于生料粉磨（原料粉碎）、水泥粉磨（熟料粉碎）、矿渣高细粉磨等，也可以用于燃煤的粉碎。设备性能可靠，运转率高，维护方便；工作时、噪声低、粉尘少，有利于环境保护，生产全过程可以实现自动控制。我国已经有上千家水泥厂应用了不同规格的国内制造的辊压机，投产后均取得了不同程度的节能高产效果。就辊压机在整个粉磨系统中的作用，可以分为预粉碎系统、混合粉磨系统、部分终粉磨系统、联合粉磨系统、终粉磨系统等。

磨辊的直径 $D$ 与宽度 $B$ 之比，对设计、加工制造过程都十分敏感，它与辊压机应用中的工作性能有着密切的关系。在相同工作压力和相同磨辊转速的条件下，辊压机的生产能力同磨辊直径与磨辊宽度的乘积成正比，即：$Q \propto DB$。也就是说，一定生产能力的辊压机，可以用"大辊径、小辊宽"和"小辊径、大辊宽"两种不同的搭配方式，但它们的工作特点是不一样的，现分析如下：

（1）大辊径、小辊宽

由于辊径较大，对物料的拉入力增大，辊压机允许入料粒度也大；与此同时，卸出料饼的厚度也增大，使设备对物料性能、包括物料的颗粒大小、强度的均匀性等变化趋于稳定，可减少设备的负荷波动，有利于其运转率的提高。较大的辊径可以使两辊之间形成粉碎区的范围扩大，在同样线速度的条件下，物料受挤压的时间增长，这对提高粉碎比和产品细度有利。大辊径的磨辊主轴和轴承都可以随之增大，轴承的承载能力提高，使用寿命也增长。由于两辊的中心距增大，给传动装置的布置、安装、检修都提供了方便，尤其是采用同侧驱动方案时，对其极为有利。

该方案除了上述优点之外，最大的不足是，由于辊面长度短，边缘效应严重，即：未被挤压，而从磨辊两边逸出的物料较多（约10%～15%），使辊压机粉碎产品的均匀程度受到一定的影响。国产辊压机基本上都是采用"大辊径、小辊宽"的方案，因此，在辊压机应用过程中要引起注意，必须采取一定的工艺措施。

（2）小辊径、大辊宽

这种方案的优缺点与"大辊径、小辊宽"方案正好相反。简而言之就是边缘效应较小，整机重量较轻，但对喂料粒度的反映比较敏感，允许入料粒度小，卸出的料饼中细颗粒含量较少，运转稳定性稍差。辊压机是一种高压粉碎设备，磨辊的弯曲变形与其宽度的三次方成正比，如果磨辊的直径与辊宽之比（$D/B$）过小，即：磨辊呈细长形，在粉碎力并不太高的时候，磨辊就会产生较大的弯曲变形，从而引起辊面压力分布不均，降低粉碎效果，加快辊面磨损。所以，磨辊必须要保证适当的径宽比。

实践证明：辊压机的允许入料粒度≤$0.03D$（占95%以上）；最大不要超过$0.05D$。当辊压机生产能力较大时（≥200t/h），应适当增加辊宽，径宽比应大于1，适宜范围是：$D/B=1.1～1.2$；当要求生产能力较低时（≤60t/h），可适当减小辊宽，径宽比应小于3，适宜范围是：$D/B=2.0～2.5$；如果物料易磨性较好，径宽比也可以放宽到3.5～4。

专家建议：在选择辊压机规格时，应先确定磨辊直径，以满足入磨粒度的要求。然后再适当增加宽度，以减少边缘效应。

辊压机工作特点：对物料的粒度大小、易碎性好坏等有均一性要求。加料装置必须保持具有一定高度的料位（过饱和喂料），以保证两辊之间连续充满物料；当径宽比较大时，易发生"边缘效应"，即：未被挤压，而从磨辊两边逸出的物料较多（约10%～15%），使辊压机粉碎产品的均匀程度受到一定的影响。辊压机对物料一次性挤压，作用时间短，出料为"料饼"需要配套设备：打散分级机、V型选粉机配合使用。

辊压机工作质量，可以用两个指标衡量。一是辊压机系统向球磨机系统提供的物料中的细粉含量，含量越高效果越好；另一个是辊压机做功的量，做功多，辊压机效果发挥得充分，做功量太少，辊压机没有完全发挥应有的作用，配置有些浪费。做功量应该在一个合适的范围内。受挤压的物料颗粒内部产生晶格裂纹，物料的易磨性得到改善，是通过辊压机的做功量来衡量的。根据生产统计数据表明，辊压机做功至少要达到所配置功率的60%以上，才算充分发挥了作用。

物料经辊压机挤压后可产生约25%的细粉量（小于0.08mm），通过分选设备对物料进行分选，向球磨机系统提供的物料细粉含量在35%～80%。对同一台球磨机而言，偏小配置的物料细粉含量约35%～50%，偏大配置为60%～80%。辊压机配置偏大或偏小，对粉磨系统的台时产量和产品质量影响十分明显。

部分国产辊压机技术参数见表2-8。

表 2-8 部分国产辊压机技术参数

| 型 号 规 格 | 入料粒度 (mm) | 出料粒度（%） | | 生产能力 (t/h) | 电机功率 (kW) | 入料温度 (℃) |
|---|---|---|---|---|---|---|
| | | ≤2mm | ≤90μm | | | |
| HFCG120/45 | ≤60 | 60～70 | 10～25 | 125～150 | 2×220 | ≤130 |
| HFCG120/50 | ≤60 | 60～70 | 10～25 | 140～165 | 2×250 | ≤130 |
| HFCG140/65 | ≤60 | 60～70 | 10～25 | 240～295 | 2×500 | ≤130 |
| HFCG140/70 | ≤60 | 60～70 | 10～25 | 260～315 | 2×500 | ≤130 |
| HFCG140/80 | ≤60 | 60～70 | 10～25 | 295～360 | 2×500 | ≤130 |
| HFCG150/100 | ≤70 | 60～70 | 10～25 | 415～500 | 2×710 | ≤130 |
| HFCG150/110 | ≤80 | 60～70 | 10～25 | 455～550 | 2×710 | ≤130 |
| HFCG160/120 | ≤80 | 60～70 | 10～25 | 580～670 | 2×900 | ≤130 |
| HFCG160/140 | ≤80 | 60～70 | 10～25 | 680～780 | 2×1120 | ≤130 |
| HFCG180/160 | ≤80 | 60～70 | 10～25 | 950～1100 | 2×1600 | ≤130 |
| HFCG200/180 | ≤80 | 60～70 | 10～25 | 1250～1450 | 2×2000 | ≤130 |

## 二、V型选粉机

在辊压机联合粉磨系统中，目前国内普遍采用的V型选粉机，是德国KHD公司的技术，该选粉机是一种完全静态的粗选分级机，本身无活动部件，却集打散、分级和烘干于一体。性能不亚于打散分级机，且电耗可降低许多。V型选粉机外部壳体形状像一个"V"字，因此而得名V型选粉机。

1. 工作原理

料饼进入机内，抛落在阶梯形间隔排列的打散板上，不停地撞击、跳动、下落或悬浮，气流对物料有一个时间较长的冲散、分选过程，将粗、细颗粒分离。因此，它既可以冷却温度较高的热物料，又可以烘干有一定水分的湿物料。实践证明，V型选粉机配套的分级风机装机容量较低，压差小、风量少，其单位产品能耗仅有同等处理能力其他气流选粉机的45%左右，节能效果明显。

2. 机械构造与工作特点（图2-7）

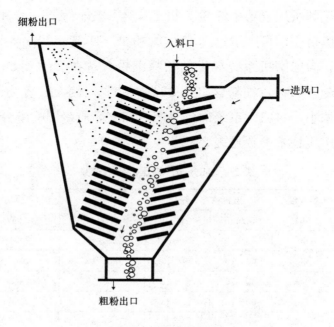

图 2-7　V型选粉机构造

如图 2-7 所示，V型选粉机结构比较简单，它由外部机体（含：进风口、出风口与细粉出口、入料口、粗料出口等）、内部导流板、打散板等几大部件组成。打散板如同百叶窗一样，呈 60°斜角安装，板间距为 200mm。

V型选粉机属于静态选粉机，内部的打散板的位置已经固定，但叶片倾角可以在一定范围内适当调节。如果导流叶片磨损，会造成选粉效率低，所以在停机时要经常检查。在进料口的下料管呈"Z"字形，物料从上而下落至挡料板上后，应能被均匀地分散开来。在 V型选粉机的进料口处，加装 50mm×50mm 的角铁或将导流叶片的上部用铁板封焊，这样可使物料形成均匀的料幕。同时，物料在 V型选粉机内的停留时间更长，增加细选的效果。

V型选粉机至旋风筒的管道中时常出现"附壁效应"，容易被物料堵塞，影响收集细粉，所以在停机时要经常检查。打散板、导流叶片是容易磨损的部位，其材质要选用耐磨板或用耐磨焊条堆焊，也可以贴耐磨陶瓷片保护。

3. 选型注意事项

（1）V型选粉机的规格以选粉风量（m³/min）表示。首先要根据设备制造厂家的产品样本，查阅不同规格的V型选粉机所能达到的处理能力（t/h），然后针对辊压机的生产能力增大1.2倍（储备系数），选择适合的V型选粉机与其配套。

（2）选粉机不适宜黏性物料或半流体物料，被选物料平均水分应≤5%；入料最大粒度应≤35mm；本机正常工作风温≤80℃，最高不得超过200℃，否则，影响耐磨材质寿命；选粉机的规格过大，会增大系统通风阻力；过小，不利于系统产量提高。因此，能力合理匹配十分关键。

（3）由于本机不能自动控制操作，因此需要配套循环风系统、细粉收集系统（旋风收尘器或袋收尘器）、风机、管道和流量调节阀等。

为了更好地适应系统工况的变化，V型选粉机的配套风机应选用变频调速的通风机；方便系统风量调节，有助于粉磨系统节能高产。

4. 部分国产V型选粉机技术参数见表2-9。

表 2-9　部分国产V型选粉机技术参数

| 型号规格 | VX5810 | VX5815 | VX6817 | VX8820 |
|---|---|---|---|---|
| 处理能力（t/h） | 48～81 | 96～160 | 170～250 | 270～400 |
| 细粉比表面积（m²/kg） | 175～200 | | | |
| 选粉风量（m³/min） | 1000～1700 | 2000～3300 | 3000～4700 | 4200～6000 |
| 设备通风阻力（kPa） | 1.0～1.5 | | | |
| 入料平均水分（%） | ≤5 | | | |
| 配套辊压机规格 | $\phi140\times30$<br>$\phi140\times65$ | $\phi140\times65$<br>$\phi140\times80$<br>$\phi150\times90$ | $\phi140\times80$<br>$\phi150\times90$<br>$\phi170\times80$<br>$\phi180\times80$ | $\phi170\times100$<br>$\phi180\times100$ |

### 三、O-Sepa 选粉机

选粉机是闭路粉磨系统中的重要设备，它利用流动的气体将粉状物料中的粗细颗粒分离开来。最开始的选粉机人们称之为"离心式选粉机"，由英国人1885年发明，1889年德国人将选粉机应用于水泥工业生产，至今已经一百多年的历史了。

20世纪60年代，德国维达格公司研制了旋风式选粉机，70年代我国引进技术、自行研制的旋风选粉机在青岛水泥厂工业性试验成功，取得了良好的节能高产效果，行业称其为"第二代选粉机"。

1987年，我国引进了日本小野田公司的选粉机设计制造技术，20世纪90年代初，在山东省建材机械厂成功地制造出国产的 O-Sepa 选粉机。它的核心技术是：分散、分级和分离（收集），水泥行业称此笼式选粉机为"第三代选粉机"。

（1）工作原理

物料经两个入口喂入选粉机，落到撒料盘上，随转子旋转的撒料盘，将物料均匀地分散到转子与导向叶片之间形成的选粉区，来自磨机的气流从一次风管进入选粉机，来自收尘器的气流由二次风管进入选粉机，一次风和二次风经导向叶片作用后，进入选粉区分级物料。物料在选粉区下落的过程中，得到了多次重复分级的机会，粗颗粒最后落入集料斗，经过环境进入的三次风再一次进行分选，部分贴附在粗颗粒上的细粉被三次风带起上升；粗颗粒则从下部的锁风阀卸出，返回磨机重新粉磨；合格的细粉随气流穿过笼型转子的叶片，进入转子中部的通道，由细粉出口排出机外，进入袋收尘器分离而被收集下来。一次风、二次风、三次风的比例一般控制在 7：2：1 的经验范围。

（2）机械构造与工作特点

O-Sepa 选粉机，又称"水平涡流式选粉机"，是第三代笼型选粉机的代表。主要由壳体部分、回转部分、传动部分和润滑系统组成（图 2-8）。

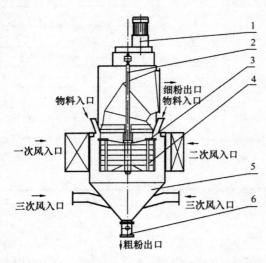

图 2-8　O-Sepa 选粉机构造

1—传动装置；2—主轴；3—撒料盘；
4—笼型转子；5—集料斗；6—锁风卸料阀

O-Sepa 选粉机的工作特点与其他选粉机不同之处有 4 点：

① 选粉气流水平引进，两侧切向进入；

② 撒料盘位于选粉室的笼型转子上方，被选物料贯穿空气选粉全过程；

③ 笼型转子的结构形式根本改变了对粉体物料的分级选粉原理；

④ 转子周围的导向叶片改进了气流分布和物料在气流中的分散状态，对其分级创造了良好条件。

O-Sepa 选粉机选粉效率高，处理能力大，常用于生产能力在 100t/h 以上的球磨机闭路粉磨系统，优质、节能、高产效果明显。

O-Sepa 选粉机有能力使成品水泥中 $10\mu m$ 以下的颗粒含量大于 $10\%$，而其中 $3\sim30\mu m$ 颗粒含量可达到 $65\%\sim70\%$ 以上。这是传统的离心式选粉机或旋风式选粉机很难实现的。

（3）选粉机系统调节的注意事项：

① 正常情况下，选粉机主要通过主轴转速来控制产品的比表面积，通过选粉机的风量来控制产品细度。

② 选粉机风量的调整对产品质量起至关重要的影响。一次风、二次风、三次风风量的合理比例要根据不同的工艺状况进行适当调整。

③ 选用高浓度袋收尘器收集细粉时，选粉机出风管可以直接与袋收尘器相接，成品细粉由收尘器收下，净化后的气体由排风机排空。选用一般袋收尘器时，必须增加一级旋风收尘器，选粉机出风口与旋风收尘器入口相接，旋风收尘器出口与袋收尘器入口相接，大部分成品细粉被旋风收尘器收集，其余含尘气流由袋收尘器净化后，排空。

④ O-Sepa 选粉机成品细度与比表面积的调控方法见表 2-10。

表 2-10　O-Sepa 选粉机成品细度与比表面积的调控方法

| 序号 | 细度 | 比表面积 | 转速与风量调节 |
|---|---|---|---|
| 1 | 过粗 | 过小 | 提高转速　减少风量 |
| 2 | 正常 | 过小 | 提高转速 |
| 3 | 过细 | 过小 | 提高转速　增大风量 |
| 4 | 过粗 | 正常 | 提高转速 |
| 5 | 过细 | 正常 | 增大风量 |
| 6 | 过粗 | 过大 | 降低转速　减少风量 |
| 7 | 正常 | 过大 | 降低转速 |
| 8 | 过细 | 过大 | 降低转速　增大风量 |

⑤ O-Sepa 选粉机风量调节对粉磨系统工艺参数的影响见表 2-11。

表 2-11　O-Sepa 选粉机风量调节对粉磨系统工艺参数的影响

| 风门开度 | 磨内流量 | 出磨负压 | 出选粉机负压 | 粗粉回料量 | 成品细度 |
|---|---|---|---|---|---|
| 一次风加大 | 增加 | 上升 | 上升 | 增加 | 变粗 |
| 二次风加大 | 下降 | 下降 | 下降 | 减少 | 变细 |
| 三次风加大 | 下降 | 下降 | 下降 | 减少 | 变细 |

（4）选粉机的选型计算

O-Sepa 选粉机的规格以每分钟的通风量（$m^3/min$）表示。选粉机选型时，应根据磨机产量和选粉机的选粉浓度来进行。

选粉浓度代表单位风量能选出的成品量，是选粉机工作性能和能量利用率的重要标志。该类选粉机的选粉浓度一般为 $0.75 \sim 0.85 kg/m^3$，常取 $0.8 kg/m^3$ 来计算。

举例：某水泥粉磨站 $\phi 3.8m \times 13m$ 球磨机闭路系统生产能力可望达到 90t/h，试选择配套 O-Sepa 选粉机。

$90 \times 1000 \div 0.8 \div 60 = 1875$ （$mm^3/min$）

答：应选择规格为 2000（$m^3/min$）的 O-Sepa 选粉机。

（5）部分国产 O-Sepa 选粉机技术参数（表 2-12）

表 2-12　部分国产 O-Sepa 选粉机技术参数

| 型　号<br>规　格 | 处理能力<br>（t/h） | 水泥产量<br>（t/h） | 比表面积<br>（$m^2/kg$） | 主轴转速<br>（r/min） | 选粉风量<br>（$m^3/min$） | 电机功率<br>（kW） |
|---|---|---|---|---|---|---|
| N-250 | 30 | 8~12 | 300~350 | 250~550 | 250 | 22 |
| N-500 | 90 | 18~35 | 300~350 | 265~320 | 500 | 45 |
| N-750 | 135 | 27~45 | 300~350 | 180~330 | 750 | 55 |
| N-1000 | 180 | 36~60 | 300~350 | 250~285 | 1000 | 75 |
| N-1500 | 270 | 54~90 | 300~350 | 185~240 | 1500 | 90 |
| N-2000 | 360 | 72~120 | 300~350 | 165~210 | 2000 | 110 |
| N-2500 | 450 | 90~150 | 300~350 | 145~190 | 2500 | 132 |
| N-3000 | 540 | 108~180 | 300~350 | 135~170 | 3000 | 160 |
| N-3500 | 630 | 126~210 | 300~350 | 80~175 | 3500 | 220 |
| N-4000 | 720 | 144~240 | 300~350 | 75~165 | 4000 | 250 |
| N-4500 | 810 | 162~270 | 300~350 | 70~156 | 4500 | 280 |
| N-5000 | 900 | 180~300 | 300~350 | 65~147 | 5000 | 315 |

## 四、立式磨

（1）工作原理

立式磨的机械术语名称（学名）为"辊式磨"，与水平放置工作的球磨机比较，由于这种磨机是站立式工作方式，水泥行业内习惯称其为"立式磨"，又称"碾磨机"。1790 年立式磨在英国应用于工业生产，到 1928 年德国人才正式将其应用于水泥工业的煤粉制备。我国于 1978 年引进了德国的立式磨，1984 年才开始进行立式磨机技术及装备的国产化研究，并制成了首台样机投入工业运行。

立式磨是根据料层粉碎原理，通过磨辊与磨盘的相对运动将物料粉碎，并靠热风将磨细的物料烘干、带起，由分级装置在磨内分级，粗粉落入磨盘重新被粉碎，成品利用气流送出磨外由袋收尘器收集。

立式磨能量利用率高于球磨机。它集细碎、烘干、粉磨、选粉、输送为一体，具有粉磨效率高、电耗低（比球磨机节电 20%~30%）、烘干能力强、允许入料粒度大、产品细度调节方便、工艺流程简单、占地面积小、噪声低（比球磨机低20分贝）、金属消耗少、检修方便等优点。

国外立磨一般以制造公司命名。如：雷蒙磨 RP（美）、莱歇磨 LM（德）、非凡磨 MPS（德）、伯力鸠斯磨 RM（德）、史密斯磨 Atox（丹）等；富乐（美）、宇部（日）也生产 LM 磨。其主要区别在辊盘形状不同。

国产立磨制造厂有沈重（MPS），还有天津院（TRM）、合肥院（HRM）等，主要引进非凡公司 MPS（德）、伯力鸠斯公司 RM 技术（德）。磨机规格一般以磨盘直径表示。TRM 立磨规格单位是分米；HRM 立磨规格是毫米。如 TRM32 代号含义：天津水泥设计研究院研制的立式磨，磨盘直径为 3.2m；HRM2200 代号含义：合肥水泥研究设计院研制的立式磨，磨盘直径为 2.2m。

（2）机械构造与工作特点

立式磨由机壳与机座、磨辊与磨盘、加压装置、分级装置、传动装置和润滑系统等 6 大部分组成（图 2-9）。

磨辊是对物料进行碾压粉碎的主要部件，它由辊套、辊芯、轴、轴承及辊架等组成，每台磨机有 2～4 支磨辊。磨盘固定在立式减速机的出轴上，由减速机带动磨盘转动；不同形式的立式磨磨盘各不相同，磨盘一般由盘座、衬板、挡料环等组成。立式磨的结构差异，主要以磨辊和磨盘的形状不同而区分。

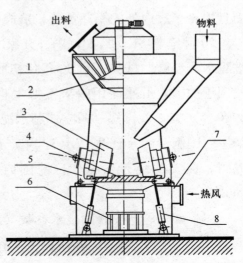

图 2-9  立式磨构造

1—机壳；2—分级装置；3—磨辊；4—磨盘；

5—加压装置；6—传动装置；7—环形风道；

8—液压油缸

国产立式磨一般采用单辊施压方式，液压油缸通过拉杆、摇臂、及摆动杆将压力传递给磨辊。磨盘启动时，液压换向器可以使磨辊抬起，实现空载启动，减少磨损和噪声，降低电机启动力矩；工作过程中，一旦出现断料，也能够自动抬起，避免辊盘磨损；需要增加产量和出磨物料细粉含量，磨辊加压调节十分方便。

立磨的研磨力主要来源于液压拉紧装置。通常状况下，拉紧压力的选用和物料特性及磨盘料层厚度有关，因为立磨是料层粉碎，挤压力通过颗粒间互相传递，当超过物料的强度时被挤压粉碎，挤压力越大，粉磨效率越高，因此，越坚硬的物料所需拉紧力越高。同理，料层越厚，所需的拉紧力也越大，否则效果不好。

对于易磨性好的物料，拉紧力过大是一种浪费，在料层薄的情况下，还往往造成振动。而易磨性差的物料，所需拉紧力大，料层偏薄会取得更好的粉碎效果。拉紧力选择的另一个重要依据为磨机主电机电流。正常工况下不允许超过额定电流，否则应调低拉紧力。

影响产品细度的主要因素是分离器的转速和该处的风速。

在分离器转速不变时，风速越大，产品细度越粗，而风速不变时，分离器转速越快，产品颗粒在该处获得的离心力越大，能通过的颗粒直径越小，产品细度越细。

通常状况下，出磨风量是稳定的，该处的风速也变化不大。因此控制分离器转速是控制产品细度的主要手段。

立磨产品粒度是较均齐的，应控制合理的范围，一般 0.045mm 筛筛余控制在 8% 左右，可满足出厂水泥对产品细度的要求，过细不仅降低了产量，浪费了能源，而且提高了磨内外的循环负荷，造成压差不好控制。

20 世纪 70 年代后期，国外几家主要生产立磨的公司纷纷用粉磨生料的立磨来进行水泥粉磨的试验，到 80 年代初取得了工业试验成功。1980 年第一台水泥立磨使用于德国，虽然使用效果不如生料磨理想，但已经逐步走向发展和成熟阶段。2000 年 7 月，我国第一条立式磨水泥终粉磨系统在安徽朱家桥水泥公司建成投产。采用德国制造的莱歇磨 LM46，年产矿渣水泥 70 万吨。据中国水泥协会《数字水泥网》公布的统计数据，目前国内立磨水泥生产线约占全国水泥生产线总数的 8%。

（3）部分国产立式磨技术参数（表 2-13）

表 2-13　部分国产立式磨（生料）技术参数

| 型号规格 | 磨盘直径<br>（mm） | 入料粒度<br>（mm） | 产品粒度<br>（$R_{0.08}$%） | 生产能力<br>（t/h） | 主电机功率<br>（kW） | 设备重量<br>（t） |
|---|---|---|---|---|---|---|
| HRM1300 | 1300 | ≤40 | 8～12 | 20～28 | 200 | 40 |
| HRM1500 | 1500 | ≤50 | 8～12 | 28～35 | 250 | 52 |
| HRM1700 | 1700 | ≤50 | 8～12 | 40～48 | 380 | 70 |
| HRM1900 | 1900 | ≤50 | 8～12 | 50～60 | 450 | 80 |
| HRM2200 | 2200 | ≤60 | 8～12 | 70～90 | 630 | 150 |
| TRM14 | 1400 | ≤40 | 8～12 | 14～22 | 155 | 40 |
| TRM15 | 1500 | ≤50 | 8～12 | 17～26 | 220 | 53 |
| TRM17 | 1700 | ≤50 | 8～12 | 23～35 | 250 | 64 |

| 型号规格 | 磨盘直径<br>(mm) | 入料粒度<br>(mm) | 产品粒度<br>($R_{0.08}$%) | 生产能力<br>(t/h) | 主电机功率<br>(kW) | 设备重量<br>(t) |
|---|---|---|---|---|---|---|
| TRM20 | 2000 | ≤60 | 8～12 | 36～55 | 400 | 75 |
| TRM23 | 2300 | ≤70 | 8～12 | 50～75 | 560 | 162 |
| TRM25 | 2500 | ≤80 | 8～12 | 65～95 | 710 | 230 |
| TRM32 | 3200 | ≤60 | 8～12 | 150～220 | 1600 | 450 |
| MPS2250 | 2250 | ≤60 | 8～12 | 52.5 | 500 | 115 |
| MPS2450 | 2450 | ≤80 | 8～12 | 75 | 610 | 142 |
| MPS2650 | 2650 | ≤100 | 8～12 | 90 | 690 | 157 |
| MPS3800 | 3800 | ≤60 | ≤2 | 95（水泥） | 2200 | 466 |
| MPS4000 | 4000 | ≤60 | ≤2 | 105（水泥） | 2500 | 515 |
| MPS4200 | 4200 | ≤70 | ≤2 | 115（水泥） | 2800 | 663 |
| MPS4600 | 4600 | ≤80 | ≤2 | 135（水泥） | 3350 | 703 |
| MPS4800 | 4800 | ≤100 | ≤2 | 160（水泥） | 3800 | 816 |

## 五、球磨机

### 1. 工作原理

球磨机 1876 年问世，1891 年能够连续生产的球磨机投入工业使用，能量利用率仅有 3% 左右。球磨机的筒体由钢板卷制而成，两端装有带空心轴的轴承座，一端进料、一端出料，由于料位差的存在，加上隔仓板箅缝及扬料板的作用，物料在旋转的筒体内，由前仓流进后仓，实现连续生产。磨机中心线和传动轴中心线必须严格保持平行或一致。水平安装的筒体内装有不同形式的衬板和不同规格的研磨体，研磨体以钢球、钢锻为最多；传动装置带动筒体旋转时，研磨体将物料磨成细粉，因此得名为"球磨机"。如果研磨体中有钢棒，则又称其为"棒磨机"，还包括"滑履支撑球磨机""高细高产管磨机"，其工作原理大同小异，因此，水泥行业将它们统称为"球磨机"。

球磨机转动时，筒体内的研磨体由于惯性离心力和摩擦力的作用，使它们贴附在筒壁衬板上与筒体一起转动。研磨体被带到一定高度后，由于自重而被抛落下来，冲击磨内物料而使其粉碎。在研磨体随筒体运动的过程中，有时也会产生滑动现象，研磨体的滑动，对磨内物料产生一定程度的研磨作用。

在磨机以不同转速回转时，筒体内的研磨体的运动情况可归纳为三种不同的运动状态（图 2-10）：转速较慢时，研磨体和物料被筒体带到一定的高度后，就自动滑落下来，我们称其为"倾斜状态"；当转速适当增加后，研磨体和物料被提升到

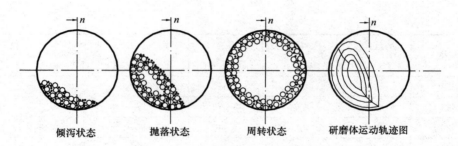

倾泻状态　　　　抛落状态　　　　周转状态　　　研磨体运动轨迹图

图 2-10　球磨机内研磨体在不同转速下的运动状态

相当的高度后，被抛落下来，称之为"抛落状态"；如果转速继续增加到相当快的时候，研磨体和物料贴附在筒壁上一道回转，落不下来了，称之为"周转状态"。倾斜状态时，研磨体对物料以研磨作用为主；抛落状态时，研磨体对物料以冲击作用主；而在周转状态时，研磨体对物料基本没有粉碎作用。磨机衬板主要用来保护筒体，避免研磨体和物料对筒体的直接冲击和摩擦。其次在一台磨机同一转速的情况下，可以用不同型式、不同带球能力的衬板，来调整各仓内研磨体的运动状态，以得到粉磨工艺所需要的冲击粉碎作用或滑动研磨作用。

2. 机械构造与工作特点

球磨机主要组成部分：进、出料装置、筒体（含隔仓板、衬板、研磨体、磨门等）、主轴承、传动装置（含电机、减速机、大小齿轮、润滑、冷却系统）等（图2-11）。

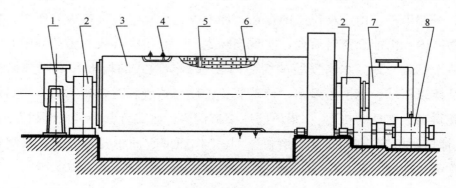

图 2-11　球磨机构造

1—进料装置；2—主轴承；3—筒体；4—磨门；5—隔仓板；6—衬板；7—卸料装置；8—传动装置

球磨机筒体呈卧式圆柱形、由钢板卷制焊接而成，筒内连接衬板，保护筒体和调节研磨体运动状态。隔仓板将筒体分为两个或几个仓，根据不同工艺要求，在仓内安装不同带球能力的衬板。隔仓板分为单层和双层两种，它有 4 个方面的作用：

一是分隔不同规格的研磨体。在粉磨过程中，要求研磨体按物流方向由大到小排列，大球以冲击粉碎作用为主，而小球以研磨作用为主。隔仓板可以粗略地将它们分开，防止研磨体窜仓、影响粉磨效果。

二是筛分粉磨后的物料。由于研磨体由大到小排列，磨内物料也应该是按流动方向粒度逐渐减小。筒体分仓后，大颗粒如果进入了细磨仓，在有限的时间内，将无法磨成细粉，出磨物料会出现"跑粗"现象。隔仓板的算缝可以筛分物料，防止大颗粒跑到细磨仓。尤其是开流管磨机，隔仓板的筛分作用十分重要，现代高细高产管磨机就是充分利用了这一点。

三是控制磨内物料流速。磨机筒体分仓后，物料在各仓内必须达到预先设定的细度，否则就会发生仓位匹配失调，影响磨机产质量。在磨机转速、物料性质等工艺条件不变的情况下，磨内研磨体装填完毕后，物料在各仓的停留时间就是决定物料粉磨细度的主要因素。隔仓板是否带有扬料板、板上的算缝大小等因素，直接关系到磨内物料流动速度的快慢，也就是物料在各仓停留的时间靠隔仓板能够得到控制。

四是调控磨内通风量。磨内通风可以及时排出水蒸气、热量和超细粉，对提高磨机产量、质量至关重要。隔仓板上的算缝和中心孔的总量，代表着通风截面积总和的大小，是影响磨内风速的主要因素。现代粉磨理念要求球磨机尽可能地加大磨内通风量，这对磨机高产十分有利，尤其是开流管磨机更为重要，近年来应用已经收到实效。

(1) 球磨机规格表示方法：

球磨机的规格以磨机筒体直径（m）乘以长度（m）表示。如：

$\phi 4.2m \times 13m$ 球磨机，含义：普通球磨机，筒体直径为 4.2m，筒体长度为 13m。

$\phi 5.6m \times 11 + 4.4m$ 中卸烘干球磨机，含义：带烘干仓、中部卸料的球磨机，磨机筒体直径为 5.6m，烘干仓长度为 4.4m，粉磨仓总长度为 11m。

(2) 球磨机类型

球磨机的分类方法很多，现部分介绍如下：

① 按生产方法分：干法球磨机（磨内不加水）和湿法球磨机（磨内加水）。

② 按传动方式分：边缘传动磨机（小型）和中心传动磨机（大型）。

③ 按卸料方式分：中卸式磨机和尾卸式磨机。

④ 按筒体长径比分：$L/D \leqslant 3$ 为：普通磨机或称短磨机；$L/D \geqslant 4$ 为：管磨机或称长磨机。

⑤ 按工艺用途分：生料磨、水泥磨、煤磨、烘干磨、试验磨、高细磨、超细

磨、开流磨（开路磨）、圈流磨（闭路磨）等。

⑥ 按其他特点分：自磨机、高细高产磨（康必丹磨、筛分磨）、滑履磨等。

（3）工作特点

球磨机的优点：适应各种工艺条件下的连续生产，目前世界最大的球磨机生产能力可达到 $360\sim1050t/h$，能满足水泥工业现代大型化的要求，物料粉碎比可达到 300 以上，产品细度便于控制与调节；维护简单方便，安全运转率高，可以实现无尘操作；对粉磨产品具备混合均化和球形造粒功能，尤其适合水泥产品的生产。

存在的不足是：电耗高、噪声大、能量利用率低、金属消耗量多。磨机转速慢，须配置大型减速机，一次性投资大。

（4）在节能减排的形势下，我国水泥行业已经强制性地淘汰了直径在 3m 以下的球磨机。部分国产球磨机的技术参数（表 2-14）。

表 2-14　部分国产球磨机的技术参数

| 磨机规格 | 工艺流程 | 入料粒度 (mm) | 产品细度 ($R_{0.08}\%$) | | 生产能力 (t/h) | | 电机功率 (kW) | 研磨体装载量 (t) | 设备重量 (t) |
| --- | --- | --- | --- | --- | --- | --- | --- | --- | --- |
| | | | 生料 | 水泥 | 生料 | 水泥 | | | |
| $\phi3\times9$ | 闭路 | ≤25 | 8～12 | 3～6 | 45 | 33 | 1000 | 80 | 152 |
| $\phi3\times11$ | 闭路 | ≤25 | 8～12 | 3～6 | 55 | 45 | 1250 | 100 | 168 |
| $\phi3.5\times11$ | 闭路 | ≤25 | 8～12 | 3～6 | 75 | 60 | 2000 | 135 | 212 |
| $\phi3.8\times13$ | 闭路 | ≤25 | 8～12 | 3～6 | 90 | 75 | 2500 | 174 | 230 |
| $\phi4.0\times13$ | 闭路 | ≤25 | 8～12 | 3～6 | 135 | 125 | 2800 | 192 | 245 |
| $\phi4.2\times13$ | 闭路 | ≤15 | 8～12 | 3～6 | 180 | 160 | 3550 | 220 | 280 |
| $\phi4.2\times14.5$ | 闭路 | ≤15 | 8～12 | 3～6 | 185 | 170 | 3800 | 240 | 300 |
| $\phi4.6\times14$ | 闭路 | ≤25 | 8～12 | 3～6 | 220 | 185 | 4200 | 280 | 356 |

3. 高细高产球磨机

20 世纪 70 年代末开始，合肥水泥研究院科技工作者，通过对普通球磨机过粉磨现象的深入研究和剖析，引进国外"康毕丹"微型钢锻球磨机的制造技术，在国内提出以"磨内筛分"的形式，实现开路球磨机节能、高产的设想；简称为"高细高产磨技术"。经精心设计、制造，首台开路高细高产水泥磨于 1984 年研制成功并投入正式运行，1985 年 9 月通过国家科委组织的技术鉴定和验收。

高细高产球磨机从外表上与普通球磨机没有明显区别，首先是对隔仓板进行了较大改进，并在磨内设置了筛分隔仓板的装置，以拦截较大物料进入细磨仓；另外，根据磨机的长径比和水泥质量的要求，合理设置仓位；三是，依据物料特征及生产条件，合理分配研磨体的装载量和级配，并注重使用微型研磨体，使研磨体以最大表面积与物料充分接触，提高研磨效率，从而强化粉磨效果和降低粉磨电耗，达到球磨机节能高产的目的。高细高产球磨机的构造见图 2-12。

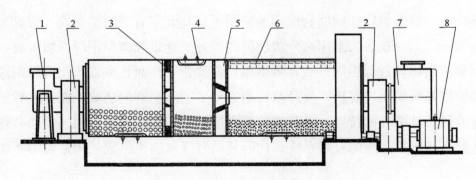

图 2-12　高细高产球磨机的构造

1—进料装置；2—主轴承；3—改进型隔仓板；4—磨门；5—筛分隔仓板；
6—衬板；7—卸料装置；8—传动装置

对于筒体长径比为 2~4 的磨机，采用两个仓；长径比大于 4 的磨机，采用 3 个仓；尽量少采用或不采用 4 个仓。一般来说，球磨机的仓位越多，越有利于研磨体的规格尺寸对粉磨物料粒度的适应性，从而有利于粉磨效率的提高；但仓位过多，实现各仓粉磨能力平衡的难度越大，只有各仓能力相平衡，才能使粉磨过程正常进行。

筛分隔仓板是高细高产管磨机的关键部件，属于双层隔仓板类型。箅板采用铸钢材质，箅缝宽度一般为 12~18mm；为了严格控制粗颗粒进入细磨仓，箅板后面设有细筛板，细筛板的布置形式有两种，弧形布置和立式布置；当用于闭路粉磨时，细筛板的筛缝宽为 3.5~5mm；而用于开路粉磨时，筛缝宽度为 1.5~2.5mm；与此同时，还应该适当缩短扬料板的长度，以降低物料流速，保持钢球表面上覆盖一定厚度的物料，减少研磨体对机件的磨损，提高粉磨效率。

高细磨的出料装置必须保证微型研磨体不会与水泥一同排出机外，并且能够控制细磨仓的球料比，适当延长物料在磨内的停留时间，确保出磨水泥的细度稳定及其合格率。停磨检查时，应该看到微型钢段表面上覆盖有 20mm 左右的料层。按行业标准规定，出料箅板的箅缝宽度为 5mm。但是，作为开路粉磨水泥时，该箅缝偏大；经过一段时间的粉磨作业磨损，有相当一部分的微型钢段尺寸会小于5mm，它们容易随水泥排出机外，而这些研磨体在高细粉磨中起着重要作用。因此在不影响磨机通风和物料流动的前提下，适当缩小箅缝宽度（1~2mm）有利于提高研磨效率和研磨体利用率。

磨尾卸料罩中的回转筛，是开路高细水泥磨的最后一级检查筛分。与普通球磨机不同，它的主要任务不是筛出水泥中的大颗粒，而是筛出微型研磨体的残核及矿渣中的碎铁渣，这些杂物粒度都小于 2mm，一旦混入水泥，对包装、散装以及建筑施工设备造成危害。因此，开路高细水泥磨的回转筛，应采用钢丝小孔径筛网或双层筛。

高细高产球磨机，在细磨仓成功地应用了 $\phi7mm$ 左右的微型钢段，明显地提高了研磨效率。同时在磨内采用高分级性能的筛分隔仓板及微型钢段返回装置，它不仅可以将磨内物料进行粗细分级，阻留粗粉继续粉磨；而且可以防止微细钢段混入成品细粉堵塞磨机出口算板；使开路粉磨起到了闭路粉磨的功效，充分发挥了钢段比钢球的研磨效率高的特点。尤其在粉磨高比表面积的水泥时，相同的产品细度要求，这种高细磨机组成的开路系统，比同规格普通球磨机组成的闭路粉磨系统，节电 10%～20%。

部分国产高细高产磨主要特点如下，其技术参数见表 2-15。

表 2-15　部分国产高细高产球磨机技术参数（开流）

| 型号规格（m） | 入料粒度（mm） | 出料粒度 $R0.08\%$ | 磨机转速（r/min） | 生产能力（t/h） | 电机功率（kW） | 装载量（t） | 设备重量（t） |
|---|---|---|---|---|---|---|---|
| $\phi3.0\times11$ | ≤25 | 2～4 | 18.1 | 36～47 | 1250 | 100 | 194 |
| $\phi3.0\times13$ | ≤25 | 2～4 | 19 | 39～45 | 1400 | 106 | 200.7 |
| $\phi3.2\times9.5$ | ≤25 | 2～4 | 17.86 | 40～45 | 1250 | 100 | 186 |
| $\phi3.2\times13$ | ≤25 | 2～4 | 18.7 | 50～55 | 1600 | 125 | 209 |
| $\phi3.5\times11$ | ≤25 | 2～4 | 16.5 | 55～60 | 2000 | 152 | 190 |
| $\phi3.5\times13$ | ≤25 | 2～4 | 17 | 60～65 | 2000 | 156 | 313.6 |
| $\phi3.8\times12$ | ≤25 | 2～4 | 16.3 | 65～70 | 2000 | 143 | 297 |
| $\phi4.0\times13$ | ≤25 | 2～4 | 15.46 | 90～100 | 3200 | 235 | 376 |

（1）细磨仓采用小研磨体，增加了研磨能力，对提高水泥早期强度有利，并降低了单位产量的电耗，优化了粉磨工艺参数；

（2）采用新型组合式隔仓板、筛分隔仓板和出料算板，提高了粉磨效率，使采用小研磨体成为可能，降低了算板的磨损，延长了使用寿命；

（3）常用于开路流程粉磨水泥，简化了粉磨系统，从而降低了基建投资和设备投资，及日常维护、管理费用；

（4）小研磨体、挡料圈及衬板等易磨件，均采用特殊耐磨材质制造，降低了单位产量的金属消耗量，并减少了停磨检修时间、提高了设备运转率。

4. 滑履支撑球磨机

"滑履支承球磨机"简称"滑履磨"。它应用于中心传动的大型球磨机，目前国产滑履磨中，最小的规格是 $\phi3.8m\times13m$，最大的规格是 $\phi5.0m\times10m+2.5m$ 中卸烘干磨。

与普通球磨机相比，它去掉了中空轴和主轴承，以在筒体两端安装的滑环代替了中空轴，滑环与滑履底座托瓦内采用油膜润滑，取代了主轴承的功能。筒体支撑点的距离缩短，筒体的弯矩得到了减轻；大型球磨机采用主轴承支承时，联结中空轴与筒体的螺栓受剪切力的作用，容易产生断裂现象。改用滑履支承后，不仅消除了安全隐患，而且在刚度值允许的情况下，减薄了筒体钢板的厚度，相应降低了设备重量（10％左右）和制造成本。

滑环采用 Q235-C 厚钢板焊接，避免了铸造滑环废品率高的缺陷，同时也降低了设备重量和成本；滑履底座采用一体式平板铸造结构，使其安装简单，维护方便；稀油站采用两台油泵供油，底座内安装了合理的回油装置，防止了润滑中的跑油、漏油现象发生。在滑履端面安装有热电阻测温装置，监测运行温度不超过70℃；在细磨仓衬板与筒体之间用 6mm 厚的橡胶石棉板作为隔热层，增大了筒体热阻，使滑环温度可降低 6～8℃，有效地减轻了磨内温度对滑动轴承的影响，提高了运行的可靠性。与此同时，要求用户尽量降低出磨物料温度，尤其是水泥磨，出磨水泥温度应保证在 100℃ 以下，不仅有利于滑履磨正常运行，而且防止了二水石膏脱水，以保证出磨水泥质量。

与同规格球磨机相比，由于滑履磨没有主轴承，物料从入磨到出磨的距离和时间相应缩短，而粉磨工艺参数没有变化，因此，磨机产量提高 10％ 以上，物料流动耗能减少。一般情况下，当研磨体装载量达到原装载量的 90％ 时，就能够达到原来的设计产量，有利于磨机节能高产。滑履磨构造见图 2-13。制造和调试中的

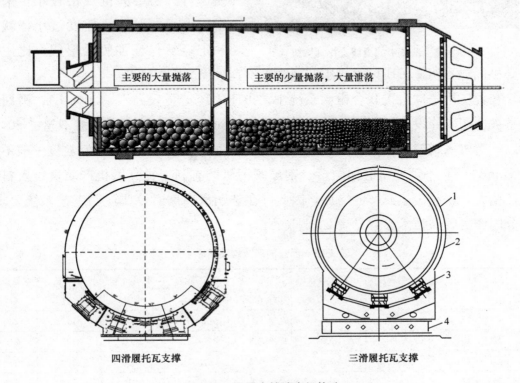

图 2-13 滑履支撑球磨机构造

滑履磨见图 2-14、图 2-15。

图 2-14 制造中滑履磨的滑环和中心传动轴

图 2-15 调试中的滑履支撑球磨机

由于滑环是直接焊接在筒体上的，其直径与筒体相当，磨机运转时滑环表面线速度较大，容易将润滑油带起，使滑动轴承与滑环之间形成一定厚度的油膜，保证磨机正常运行。如果磨机规格较小，采用滑履支承，滑环线速度过小，就不一定能够保证油膜的形成，比主轴承磨机优势不明显。所以中、小型球磨机不宜采用滑履支承。

在辊压机—球磨机联合粉磨系统中，由于系统产量较高（≥200t/h），滑履磨经常被选用。原设计中考虑入料粒度大（≥10mm）、一仓填充率一般不超过30%，所以，磨机入料口直径往往偏大；在配置辊压机预粉碎后，入磨物料粒度一般不超过1mm，一仓不需要研磨体抛落，钢球倾泻研磨有利于提高磨机产质量；入料口直径偏大，不利于填充率的增加，因此，在选购滑履磨时，要注明工艺系统要求。部分国产滑履磨技术参数见表 2-16。

表 2-16 部分国产滑履磨技术参数

| 型号规格<br>（m） | 入料粒度<br>（mm） | 出料比表面积<br>（m²/kg） | 磨机转速<br>（r/min） | 生产能力<br>（t/h） | 电机功率<br>（kW） | 装载量<br>（t） | 设备重量<br>（t） |
|---|---|---|---|---|---|---|---|
| $\phi3.5 \times 13$ | ≤25 | 350 | 17 | 65～70 | 2000 | 150 | 230 |
| $\phi3.8 \times 13$ | ≤25 | 350 | 16.8 | 70～75 | 2500 | 185 | 245 |
| $\phi4.0 \times 13$ | ≤25 | 350 | 16.3 | 130 | 2800 | 220 | 260 |
| $\phi4.2 \times 13$ | ≤25 | 350 | 15.8 | 150 | 3350 | 230 | 280 |

| 型号规格<br>（m） | 入料粒度<br>（mm） | 出料比表面积<br>（m²/kg） | 磨机转速<br>（r/min） | 生产能力<br>（t/h） | 电机功率<br>（kW） | 装载量<br>（t） | 设备重量<br>（t） |
|---|---|---|---|---|---|---|---|
| $\phi 4.2 \times 14.5$ | ≤25 | 350 | 15.8 | 170 | 3800 | 240 | 283 |
| $\phi 4.6 \times 14$ | ≤25 | 350 | 15 | 230 | 4200 | 280 | 356 |

5. 球磨机节能高产的途径

粉磨技术包括工艺技术和设备技术。工艺是主导，设备是基础。设备要由工艺来带动，工艺要由设备来实现。球磨机节能高产的主要途径分为应用适用的粉磨工艺方法和利用先进的粉磨设备节能高产两种类型。

（1）减小入磨物料的粒度。球磨机的设计台时产量，是按入磨物料粒度≤25mm确定的。如今，利用先进的粉碎节能设备（新型单段锤式破碎机、辊压机、立式磨等），将入磨粒度减小到15mm甚至1mm以下，磨机台时产量将明显提高，单产电耗由原来40kWh/t以上，降低到现在的30kWh/t以下。生产实践证明：入磨物料粒度由25mm降到5mm（或2mm）以下，球磨机产量将提高38%（或66%）。水泥厂使用的球磨机规格越小，入磨物料粒度的大小对磨机的产、质量影响越大。磨前增加预粉碎，减小入磨物料粒度，则磨机的产、质量高，电耗低；反之，入料粒度大，则磨机的产、质量低，电耗高。

（2）改善物料的易磨性。在生料制备或水泥粉磨中，选择易磨性好的物料组分，可以大幅度节能高产。易磨性与其化学成分和内部结构有关，结构紧密的难磨，结构松散的好磨；石灰石比黏土难磨，矿渣比粉煤灰难磨，熟料比生料难磨。难磨的物料会增加磨机单位产量的电耗，降低磨机的台时产量。以相同规格的球磨机为例，如果粉磨水泥时磨机产量为1，粉磨生料时可达到1.5，粉磨矿渣微粉时则为0.5。

（3）降低入磨物料的水分。对于干磨法来说，入磨物料的水分对磨机的产、质量影响很大。入磨物料的水分高，容易引起磨内隔仓板箅缝堵塞以及饱磨或糊磨现象，降低粉磨效率，磨机电耗高、产量低。因此，含水分较大的物料，入磨前的烘干是十分必要的。没有烘干条件时，要严格控制入磨物料平均水分≤1.5%。一般来说，物料平均水分再增加1%，磨机产量就会降低8%～10%，平均水分≥5%，干法磨机就不能工作了。

（4）严格控制入磨物料的温度。入磨物料的温度过高再加上研磨体的冲击摩擦，会使磨内温度过高，发生粘球现象，降低粉磨效率，影响磨机产量。同时磨机筒体受热膨胀影响磨机长期安全运转。水泥磨磨内温度过高，还会引起二水石膏脱水，影响出磨水泥质量。因此，必须严格控制入磨物料温度≤60℃和出磨水泥温度≤80℃。

（5）合理控制出磨物料细度。出磨物料的细度要求愈细，产量愈低，反之产量则愈高。在一定的粉磨工艺条件下，出磨细度控制值越小，球磨机的产量越低。以水泥细度控制值为0.08mm方孔筛筛余10%时的磨机产量为1，其他控制值时的磨机产量见表2-17。

表2-17　出磨水泥细度与磨机产量的关系

| 细度 $R_{0.08}$ % | 2 | 3 | 4 | 6 | 8 | 10 | 11 | 12 | 13 | 15 |
|---|---|---|---|---|---|---|---|---|---|---|
| 产量系数 | 0.50 | 0.68 | 0.72 | 0.82 | 0.91 | 1.00 | 1.04 | 1.09 | 1.13 | 1.20 |

一般来说，不同粒径范围的水泥颗粒具有不同的强度等级，粒径越小，强度等级越高。以 P·O 42.5 水泥的颗粒组成分级强度试验见表2-18。

表2-18　水泥颗粒组成分级强度测试结果

| 水泥颗粒组成（μm） | <20 | 20~50 | 50~70 | 70~80 | P·O 42.5 水泥 |
|---|---|---|---|---|---|
| 3 天抗压强度（MPa） | 36.8 | 25.7 | 12.6 | 0.00 | 21.2 |
| 28 天抗压强度（MPa） | 56.3 | 47.6 | 30.2 | 4.2 | 46.6 |

在国家标准《通用硅酸盐水泥》（GB 175—2015）中，水泥产品细度、比表面积都属于选择性指标；而且，只规定了下限值，没有上限要求。因为水泥产品质量要以水泥强度为主要依据，细度与比表面积只是辅助工艺参数。

但是，有许多水泥企业，为了迎合客户对早期强度的需求（使建筑工地脱模快、缩短施工工期），将普通水泥产品的内控标准提得过高（比表面积≥400m²/kg），这不仅严重地影响了水泥粉磨系统台时产量的提高，而且由于水泥过细，会增大水泥产品的需水量，引起水泥与混凝土外加剂的相容性问题以及产生建筑物开裂现象，对混凝土工程的耐久性十分不利。所以，水泥企业有责任向客户讲清道理，合理地控制水泥粉磨系统出磨物料的细度和比表面积控制值；既有利于球磨机的节能高产，又对建筑工程的百年大计尽到了责无旁贷的社会责任。

（6）优选先进的粉磨工艺流程。同规格的球磨机，闭路流程比开路产量高15%~20%；在闭路操作时，选择恰当的选粉效率与循环负荷率，是提高磨机产量的重要因素。选用先进的节能粉磨设备（辊压机、立式磨）与滑履磨组成双闭路联合粉磨系统，节能高产效果可以提升好几个档次。

（7）合理添加水泥助磨剂。助磨剂是水泥工业的好帮手。助磨剂能提高水泥粉磨效率，改善水泥产品性能，提高磨机台时产量，降低水泥粉磨电耗。它不仅节约水泥生产成本，增加企业经济效益，而且有利于工业废弃物的综合利用，实现低碳和循环经济生产，加速水泥工业节能减排和绿色革命的进程。

常用助磨剂大多是表面活性较强的有机物质，在物料粉磨过程中，能够吸附在物料表面，加速物料粉碎中的裂纹扩展，改善物料的易磨性（图 2-16）；它能够消除物料的表面能，减少静电吸引作用，避免细粉相互粘结、糊球、糊衬板，提高粉磨效率（图 2-17）；多功能复合助磨剂还可以激发低活性混合材的水化活性，替代熟料和多掺混合材（工业废渣），有利于球磨机的节能高产。国家标准《通用硅酸盐水泥》（GB 175—2015）规定：水泥粉磨时允许加入助磨剂，其加入量应不大于水泥质量的 0.5%。

(a) 未掺助磨剂　　　　　　　　　　　(b) 掺助磨剂后

图 2-16　助磨剂改善物料易磨性的作用

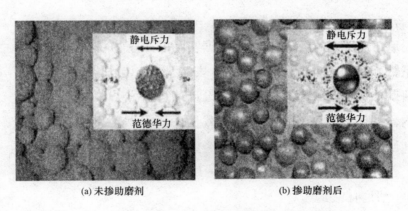

(a) 未掺助磨剂　　　　　　　　　　　(b) 掺助磨剂后

图 2-17　掺助磨剂前后磨内工况对比

使用助磨剂，可以获得比表面积较高的粉磨产品，减少过粉磨现象；同时，物料在磨内的流速会加快，使其在磨内停留时间缩短，引起出磨细度（筛余）的变化。对于开流粉磨来说，必须调节磨内工况，适应粉磨产品的细度要求；对于圈流粉磨则要控制出磨细度（筛余）在正常范围之内，决不允许有筛余值逐渐增大的现象发生。否则，不仅磨机产量会降低，而且还会引起循环负荷率增加，磨尾提升机过载、堵塞，造成停产事故。使用助磨剂应该考虑入磨物料性质，先进行小磨比较试验"配型"，然后优选方案到大磨实施。

（8）优化球磨机结构。球磨机筒体内的衬板、隔仓板、进出料装置、磨内活化装置、防堵箅板、支承形式、传动方式等，对磨机产、质量影响很大，目前改进方法很多，各具特色，微信传媒丰富，值得参考借鉴。

我国直径在4m以上的大型球磨机已非常普及，尤其是联合粉磨系统，节能高产效果十分明显。要根据入磨物料具体条件（入料粒度、易磨性、平均水分等），合理选择仓位数量及其长度。选择不当，使各仓能力不平衡，会影响球磨机的节能高产。

（9）加强磨内通风。磨内通风良好有利于排出磨内水蒸气和微细粉，防止粘球和堵塞，减少磨内过粉磨现象，降低磨内温度和水泥产品温度，改善粉磨条件，提高粉磨效率，以利于磨机产、质量提高。经验证明，圈流粉磨的球磨机，磨内风速应保持在0.8～1.2m/s左右，而开流粉磨时，应控制在1.2～1.5m/s左右，这样才能适应磨机节能、高产的要求。我们也可以按磨机实际产量来进行通风机的选型，经验公式如下：

$$Q = (500 \sim 600)G$$

式中　$Q$——球磨机通风量，（m³/h）；

　　　$G$——球磨机产量，（t/h）；

500～600——经验系数。

（10）合理设计、调整研磨体装载量与级配

由于粉磨工艺条件的变化，必须根据实际的入磨物料粒度、易磨性系数（或相对易磨性系数）、衬板及隔仓板的形式、安装位置、磨机功率、转速等，进行必要的各仓位研磨体级配、装载量、填充率设计计算（详见本书第三章）。

磨机内研磨体（钢球、钢锻）的装载量一般根据磨机的有效直径、有效长度、填充系数和研磨体的比重等计算确定，经生产实践检验的经验公式如下：

$$G = D^2L \quad （t）$$

式中　$G$——研磨体装载量；

　　　$D$——磨机的有效直径（m）；

　　　$L$——磨机的有效长度（m）。

（11）优选高效选粉机。闭路粉磨系统中，选粉机是物料细度控制的重要设备，也是节能高产的主要帮手，其结构、性能和系统组成，对磨机生产过程的影响至关重要。我国常用"循环负荷率"和"选粉效率"这两个技术参数来调控圈流粉磨系统的工作状况。

在同一闭路粉磨系统中，当出磨物料细度和选粉机成品细度基本不变时，循环负荷率越高，则选粉效率越低；选粉机回料细度越粗，则循环负荷率越小，选粉效

率越高。

调节选粉机产品的颗粒组成，可以提高水泥质量（强度）和使用性能，而不一定要由控制球磨机出磨物料细度来实现这个目的。因此，通过对水泥细度与产品质量关系的研究，选择性能更为优越的选粉机，可以设计出更加节能高产的水泥粉磨系统。

（12）提高磨机操作自动化水平。粉磨系统的智能化、可视化、在线控制、球磨机负荷自动控制、变频调速控制等现代高新技术已经成熟，在水泥工业生产中发挥了重要作用，避免了传统操作中消极的人为因素，不仅有利于球磨机的节能高产，而且有利于水泥企业生产管理水平与新型干法水泥生产技术的提升。

随着计算机技术的迅速发展和国民经济的不断增长，以仪表型 DCS 系统或 PLC 型 DCS 系统为代表的集散型控制系统，将在水泥生产过程控制中获得越来越多的应用，不仅仅是水泥粉磨工艺生产线，而且会覆盖整个水泥生产线。现场总线将逐步取代传统的 DCS 系统，给工业自动化的过程控制领域带来又一场革命。

现场总线是一个计算机网络，是由现场仪表和控制室系统之间的一种全数字化、双向、多站的通信系统。现场总线将改变传统 DCS 的输入、输出模式。各种智能化仪表及全数字化的现场控制装置的使用，可以将原采用传统 DCS 完成 PID 的控制功能及其他的一些控制功能，下放到现场的智能仪表及全数字化的控制装置中，这样，传统的 DCS 的功能及优势将丧失，取而代之的将是基于现场总线及智能化仪表的现场总线控制系统。

水泥生产自动化已经成为国内大型水泥厂新型干法生产工艺线不可缺少的配置，自动化技术和产品的需求将日益迫切，这必将推动水泥厂整体工艺技术水平的大幅提高，自动化是水泥工业的现代化必经之路。

# 第三章 钢球、钢锻级配方案的设计与调整

## 第一节 钢球、钢锻级配方案设计原则

### 一、研磨体基本知识

#### 1. 研磨体

在球磨机筒体内以机械力粉磨物料的介质统称为"研磨体"。它包括钢棒、钢球、钢锻、砾石、鹅卵石、陶瓷球等。

（1）钢球：球磨机中使用最广泛的一种研磨体，在粉磨过程中，它与物料发生点接触，对物料的冲击力大，在带球能力强的衬板（阶梯衬板、双曲面衬板、沟槽衬板等）配合下，产生抛落状态，对物料的粉碎作用强，尤其是将粗颗粒变成细颗粒的效果非常好。钢球的直径在 $\phi20\sim120mm$ 之间，根据水泥粉磨工艺要求，在粗磨仓（前仓）一般选用 $\phi50\sim100mm$ 规格的钢球；在细磨仓一般选用 $\phi20\sim50mm$ 规格的钢球。

（2）钢锻：外形为短圆柱形的研磨体，在带球能力弱的衬板（平衬板、小波形衬板等）配合下，产生倾泻状态，滑动或滚动。它与物料发生线接触，研磨能力强、冲击粉碎能力弱，常常在细磨仓（尾仓）使用。它的规格一般为 $\phi30\times25$、$\phi25\times20$、$\phi20\times17$、$\phi17\times15$ 等；用于高细高产球磨机的微型钢锻直径在 7mm 左右。

（3）材质与性能：目前国内水泥企业使用的钢球、钢锻材质，主要是高铬铸铁和低铬铸铁。高铬铸铁球中铬含量大于 $11\%$，共晶碳化物的晶格类型主要为 $(Cr, Fe)_7C_3$；而低铬铸铁球中铬含量小于 $3\%$，共晶碳化物的晶格类型主要为 $(Cr, Fe)_3C$；产品质量应符合行业标准《建材工业用铬合金铸造磨球》（JC/T 533—2004）技术指标要求。

主要使用性能指标如下：

① 球耗：统计期内（$2000\sim3000h$），粉磨系统生产每吨物料所消耗的研磨体质量，以 $M$ 表示，其计量单位为 g/t 物料（生料、水泥、煤等）；计算公式如下：

$$M = \frac{(Q + Q' - Q_h) \times 10^6}{N}$$

式中 $M$——研磨体球耗（g/t）；

$Q$——球磨机初装研磨体的质量（t）；

$Q'$——统计期内添加研磨体的质量（t）；

$Q_h$——统计期后可回收使用的研磨体质量（t）；

$N$——统计期内粉磨产品的总量（t）。

② 破损率：统计期内（2000～3000h），破碎钢球的质量占开始装球和期间补球总质量的百分数。以 $P$ 表示，计量单位为％。计算公式如下：

$$P = \frac{Q_1 + Q_2}{Q + Q'} \times 100\%$$

式中 $P$——钢球的破损率（％）；

$Q_1$——正常运转期间从磨内检出的碎球质量（t）；

$Q_2$——磨机检修时从磨内检出的碎球质量（t）；

$Q$——球磨机初装研磨体的质量（t）；

$Q'$——统计期内添加研磨体的质量（t）；

③ 失圆度：钢球直径偏差与基本直径尺寸的比值（％）。失圆度的考核，以使用的各规格钢球分别进行，对各规格钢球分别随机抽取 50 个，逐个测出最大直径和最小直径，计算其失圆度，如果失圆度大于 5％ 的钢球数量超过 20 个，则认定该规格钢球失圆度不合格。

④ 错箱率：上、下半球错开的尺寸与基本尺寸（标示尺寸）的比值（％）。错箱率的考核，以使用的各规格钢球分别进行，对进厂的各规格钢球分别随机抽取 50 个，逐个测其错箱率，如果错箱率大于 2％ 的钢球数量超过 20 个，则认定该规格钢球的错箱率不合格。

行业标准《建材工业用铬合金铸造磨球》（JC/T 533—2004）中，研磨体化学成分及力学性能指标见表 3-1；钢球使用性能指标见表 3-2。

表 3-1　研磨体化学成分及力学性能指标

| 名　称 | 表面硬度（HRC） | Cr 含量（％） | 冲击韧性（J/cm²） | 金相组织 |
| --- | --- | --- | --- | --- |
| 高铬铸球（锻） | ≥56 | ≥11 | ≥4.0 | M＋C |
| 低铬铸球（锻） | ≥46 | ≥1.0 | ≥1.5 | P＋C |

注：M—马氏体；P—珠光体；C—碳化物。

表 3-2　钢球使用性能指标

| 名　称 | 单仓球耗（g/t） | 破损率（%） | 失圆度（%） | 错箱率（%） |
|---|---|---|---|---|
| 高铬铸球 | ≤30 | ≤0.8 | ≤5 | ≤2 |
| 低铬铸球 | ≤80 | ≤1.0 | ≤5 | ≤2 |

**2. 装载量**

（1）定义：研磨体在磨机内的实际重量；以"吨"为计量单位。球磨机制造厂商的产品说明书中应提供磨机研磨体的总装载量，这是根据主电机额定功率而设计确定的。

（2）计算式：经验计算方法是总装载量(t)×(12～15)＝主电机额定功率(kW)；其中(12～15)为换算系数，磨机直径小取下限，磨机直径大则取上限。

各仓研磨体装载量要根据粉磨工艺要求来设定。如：入磨物料粒度≥5mm，需要研磨体处于抛落状态的冲击粉碎作用，规格大的钢球要多一些，但装载量不要太多，研磨体所占体积要低于仓内容积的30%，否则影响运动状态，减弱冲击粉碎作用。

实际生产中的计算公式如下：

$$G = V\phi\rho = \frac{\pi}{4}D_i^2 L\phi\rho$$

式中　$G$——研磨体（钢球或钢锻）装载量（t）；

　　　$V$——仓内有效容积（m³）；

　　　$\phi$——仓内填充率（%）；

　　　$\rho$——研磨体密度；钢球、钢锻一般取 4.5t/m³；

　　$D_i$——球磨机有效内径（m），一般需要进入磨内实际测量，或按球磨机公称直径（外径）减去 2 倍衬板厚度（0.05×2）来计算；

　　　$L$——磨内仓位有效长度（m），一般需要进入磨内实际测量。

**3. 填充率**

（1）定义：研磨体在磨内所占的体积与磨内有效容积的百分比（%）；如果以小数表示，则称其为"填充系数"。

（2）影响因素：球磨机各仓的填充率，要考虑球磨机的工艺流程，一般来说对于闭路流程（有选粉机）的球磨机，磨内研磨体的球面通常采用逐仓降低的装法，前后两仓球面相差 25～50mm，这样可以增加物料在磨内的流速；开路流程（没有选粉机）的球磨机，研磨体的球面常采用逐仓升高的装法，以控制成品细度。

球磨机各仓的填充率还受隔仓板形式和算缝大小的影响，隔仓板形式和算缝大小决定物料通过隔仓板的速度，从而影响到球磨机内各仓的物料料位的高低，显然，高料位必须用高的填充率，料位低，当然也就不需要那么高的填充率了。

此外，物料水分含量、物料流动性质、物料粒度大小都会影响到物料在磨内的流动速度，从而造成磨内各仓料位高低不一样，因此，球磨机各仓的研磨体填充率也要作相应的调整。所以一般情况下是以设计院或是磨机生产厂家给出的填充率为准，再根据实际情况适当降低或升高，一般填充率控制在 30% 上下。

(3) 计算式

① 理论计算式

在研磨体装载量已知的情况下，填充率的计算式如下：

$$\phi = \frac{G}{V\rho} = \frac{G}{\dfrac{\pi}{4}D_i^2 L\rho} = \frac{G}{0.785 D_i^2 L\rho}$$

式中　$\phi$——仓内填充率（%）；

　　　$G$——研磨体（钢球或钢锻）装载量（t）；

　　　$V$——仓内有效容积（m³）；

　　　$\rho$——研磨体密度；钢球、钢锻一般取 4.5t/m³；

　　　$D_i$——球磨机有效内径（m），一般需要进入磨内实际测量；或按球磨机公称直径（外径）减去 2 倍衬板厚度（0.05×2）来计算。

　　　$L$——磨内仓位有效长度（m），一般需要进入磨内实际测量。

② 实测方法

实测磨内球面高度计算研磨体填充率的方法如图 3-1 所示：

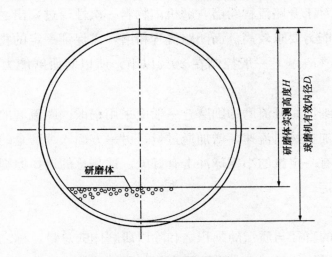

图 3-1 研磨体填充率实测法示意图

具体做法：在磨内没有物料或只有少量物料的情况下，先用尺测量球磨机的有效内径 $D_i$，再通过球磨机中心测量从研磨体堆积的自然表面到顶部衬板的垂直距离 $H$；然后计算有效内径与垂直距离的比值，查表 3-3 对照出研磨体填充率的数值。

**表 3-3　$H/D_i$ 值与填充率 $\phi$ 的关系**

| $H/D_i$ | 0.71 | 0.70 | 0.69 | 0.68 | 0.67 | 0.66 | 0.65 | 0.64 | 0.63 | 0.62 | 0.61 |
|---|---|---|---|---|---|---|---|---|---|---|---|
| $\phi(\%)$ | 24.1 | 25.2 | 26.4 | 27.6 | 28.8 | 30.0 | 31.2 | 32.4 | 33.7 | 34.9 | 36.2 |

**4. 规格与级数**

钢球的规格以直径 $\phi$ 表示，计量单位为 mm；我国水泥工业使用的钢球，每 10mm 为一级，如：$\phi90$、$\phi80$、$\phi70$、$\phi60$……磨内钢球级数不可间断，应保持级配的连续性，以利于粉磨速度、粉磨能力的匹配和均衡。

钢棒、钢锻规格以直径×长度表示，计量单位为 mm；

研磨体是粉磨系统保证产品产量和质量的主要工作介质。在生产过程中，随着钢球和钢锻的磨损，如果台时产量下降很多，单靠补充研磨体解决不了问题，则必须清仓，重新进行研磨体级配，并满足装载量的要求，才能达到较高的粉磨效率和实现磨机节能高产效果。通过工业性试验测得：当 $\phi90$mm 的钢球磨损至 $\phi80$mm 的时候，此时 $\phi80$mm 的钢球直径已变成为 $\phi71.11$mm；与此同时 $\phi70$mm 的钢球直径变为 $\phi63.20$mm；而 $\phi60$mm 的钢球直径已变成 $\phi56.20$mm。显然，若定期只补 $\phi90$mm 的大球，则磨内研磨体的尺寸、装载量以及形状等，都会渐渐发生变化，平均球径也不同于原来的设计方案。

在选择研磨体的时候，一仓以大规格的钢球为主；而尾仓可以选择小钢球，也可以选择钢锻。对于开路流程粉磨，磨机内物料一次性通过，出磨料即为成品，因此对尾仓的研磨能力要求较高。而闭路流程粉磨，需保证一定的物料循环量，磨尾卸料的细度筛余（$R_{0.08}$）一般控制在 20％以下，所以对研磨能力的要求相对低于开路粉磨。

为保证成品细度，开流磨的细磨仓一般应采用钢锻。圈流磨的细磨仓可采用小钢球，一方面可加快物料流速，增加通过量；另一方面入细磨仓的物料颗粒要比开流磨粗，对保证有一定量的小钢球冲击有好处。这是总的选择原则，有时还要视实际工况而具体确定。

**5. 平均球径**

各级研磨体的直径与质量的乘积之和除以研磨体的总量，称之为"平均球径"。一般来说，物料平均粒径越大，需要研磨体的平均球径也应该越大；要求粉磨产品的粒度越细，平均球径应越小。水泥生产实践证明，磨内物料颗粒平均粒径与钢球平均球径有着十分明显的相关关系（表3-4）。

表 3-4　磨内物料平均粒径与钢球平均球径的经验数据

| 物料平均粒径（mm） | 0.30~0.42 | 0.6~0.8 | 1.2~1.7 | 2.4~3.3 | 4.7~6.7 |
|---|---|---|---|---|---|
| 钢球平均球径（mm） | 20.0 | 25.0 | 31.0 | 40.0 | 39.0 |

各仓位平均球径的计算式如下：

$$D_{平均球径} = \frac{D_1 G_1 + D_2 G_2 + D_3 G_3 + D_4 G_4}{G}$$

或

$$D_{平均球径} = D_1 \frac{G_1}{G} + D_2 \frac{G_2}{G} + D_3 \frac{G_3}{G} + D_4 \frac{G_4}{G}$$

式中　　$D_{平均球径}$——仓位平均球径（mm）；

$G$——仓位钢球总装载量（t）；

$D_1$、$D_2$、$D_3$、$D_4$——各级钢球直径（mm）；

$G_1$、$G_2$、$G_3$、$G_4$——各级钢球装载量（t）。

磨机各仓实际上都具有粉碎及研磨功能，只是各有主次。一般来说，粗磨仓主要功能是冲击粉碎，将粗颗粒物料粉碎为细颗粒物料；而细磨仓的主要功能是研磨，使用小钢球或小钢锻将细颗粒物料，研磨成工艺要求的细粉；钢球与钢锻的研磨能力是不同的，物料填充在研磨体之间，研磨效率的高低主要取决于研磨体与物料之间的接触面积。若接触面积大，则研磨机会多，单位时间内成品细粉的生成率就高。

相同质量的钢球与钢锻相比，由于钢锻与物料是线接触的方式，比钢球与物料的点接触方式，在倾泻状态下的滚动和滑动，具有更多的接触机会和接触面积。对于同一仓而言，同样的研磨体装载量和同样的物料量，在单位时间内，装钢锻时，成品细粉的生成量要比钢球仓多；同样装载量的钢球仓，平均球径小的仓位，粉磨成品细粉的生成量多。水泥生产实践证明了这一点。需要指出的是：由于算缝宽度限制等原因，目前细磨仓的研磨体的尺寸相对物料而言都太大，如果缩小研磨体的规格，粉磨效率还有提高的空间。

6. 研磨体级配

不同规格的研磨体配合在一起使用，称之为"研磨体级配"。它减少了研磨体之间的空隙率，增加了研磨体与物料的接触机会，提高了粉磨效率，有利于研磨体在不同状态下完成粉磨作业，实现各项粉磨工艺指标。

研磨体级配是优化磨机工况的主要措施之一。目前国外水泥磨机在细磨仓倾向于使用钢球来代替钢锻。因为在粉磨过程中，钢球与物料是点接触，而钢锻与物料是线接触，研磨面积后者大于前者。虽然钢锻的研磨效果明显好于钢球，但使用钢锻的能耗较高，一般要高出近20%，有的甚至高30%。同时，优质小钢球的磨耗比钢锻小得多，钢球磨出的水泥颗粒形貌多呈球形，有利于水泥后期强度增进率的提高。钢锻虽在这些方面略显不足，但对于提高产品比表面积和磨机产量，还是具备一定的优势。

研磨体级配与球磨机仓长有关。目前水泥企业两仓闭路磨的各仓长度各不相同，有的比例为2∶3，也有接近1∶1的。2∶3的比例为正常范围，尾仓选用小钢球比较合适。若两仓长度相近，则易造成头仓粗磨能力过剩，而尾仓细磨能力不足。头仓的钢球级配不可能过多，这就制约了其研磨能力，此时尾仓的研磨负担加重。若再使用小钢球，则尾仓在相对减少的粉磨容积中难以完成所需的研磨任务，最后导致产量下降。出现这种情况，应在尾仓中换上钢锻，同时加强预粉碎，尽可能降低头仓的钢球直径。必要时根据磨内筛余曲线分析，调整隔仓板的位置，挪动一块或半块衬板的距离，加强尾仓的研磨作用。对成品细度要求高的水泥，尾仓研磨体应多选用小钢锻，其级配选用三级。

粉磨水泥的品种不同，对研磨体及其级配的要求也不同。因为水泥的品种不同，对粉磨的细度要求不同。例如通用硅酸盐水泥对产品的需水性有一定的指标要求，微细粉含量不宜过高。比如高速铁路使用的水泥，比表面积要求$\leqslant 350 m^2/kg$，闭路磨尾仓选用小钢球或陶瓷球四级配球较为合适。而快硬及超细水泥与多混合材掺量的水泥，要求水泥水化快，早期强度高，除矿物组成有要求外，对水泥的细度控制也很严格，要求出磨水泥的比表面积在$350\sim400 m^2/kg$范围内。这也对出磨物料细度提出了更高的要求。此时无论开流长磨还是圈流粉磨都应考虑在细磨仓使用小钢锻三级级配，对钢球的使用则要慎重。从目前的应用实践证明，用钢锻磨制的快硬及超细水泥质量指标高，效果较好。

## 二、研磨体（钢球、钢锻）级配设计原则

### 1. 根据入磨物料粒径确定磨内最大球径和平均球径

目前我国绝大部分水泥企业的水泥粉磨系统都采用钢球做球磨机的研磨体。钢球级配设计的主要依据是入磨物料的粒度和易磨性。入磨物料的平均粒径大，硬度高，或要求成品细度粗时，钢球的平均球径应大些，反之应小些。磨机直径小，钢球平均球径也应小。一般生料磨比水泥磨的钢球平均球径大些。

钢球最大球径的选择可以用计算式，也可以用经验数据。计算式如下：

$$D_{最大球径} = 28 \times \sqrt[3]{d_{最大物料粒径}}$$

例：某厂水泥粉磨系统最大入磨物料为 5mm，求最大钢球直径？

$$D_{最大球径} = 28 \times \sqrt[3]{5} = 28 \times 1.71 = 47.88mm$$

答：应选择最大钢球直径为：$\phi50$。

根据磨内中硬物料最大粒度选择最大球径的经验数据见表 3-5。

表 3-5　根据磨内中硬物料最大粒度选择最大球径的经验数据

| 磨内中硬物料最大粒度（mm） | 30 | 25 | 20 | 10 | 5 |
|---|---|---|---|---|---|
| 磨内最大钢球直径（mm） | 110 | 100 | 90 | 70 | 50 |

根据磨内物料平均粒径确定钢球平均球径，其经验数据见表 3-4。值得注意的是：不同规格的球磨机，装载量差异较大；如果入磨物料粒度不变，钢球的平均球径尽可能要保持不变，才能实现粉磨物料粒度符合工艺指标要求，即：通过公式计算，调整四级配球的各级比例，实现平均球径的稳定否则会引起各仓位之间的粉磨速度不匹配、不均衡。

2. 根据粉磨工艺要求合理选择研磨体及其比例

球磨机各仓实际上都具有粉碎及研磨功能，但只是各有主次。如果入磨物料粒度≥5mm，粗磨仓（一仓）需要研磨体的冲击粉碎作用，一般都选用钢球。而细磨仓（尾仓）的主要功能是研磨，应该选择小规格的钢球或钢锻。然而小钢球与小钢锻的研磨能力是不同的，物料填充在研磨介质之间，研磨效率的高低主要取决于研磨介质与物料之间的接触面积。若接触面积大，则研磨机会多，单位时间内成品细粉的生成率就高。

相同质量的钢球与钢锻相比，由于钢锻与物料是线接触的方式，研磨体之间空隙率小，比钢球与物料的点接触方式、空隙率较大，具有更多的接触机会和研磨面积。对于某一仓位而言，同样的研磨体装载量和同样的物料量，在单位时间内，装钢锻时成品细粉的生成量要比钢球仓高，水泥粉磨系统生产实践证明了这一点。因此，开路磨因出磨物料就是成品，对细度要求严格，尾仓应优先使用钢锻；而闭路磨有选粉机对产品细度把关，可以使用小钢球，也可以使用钢锻。需要指出的是：由于算缝宽度限制等原因，目前细磨仓的研磨体的尺寸相对物料而言都太大，如果缩小研磨体的规格，粉磨效率还有提高的空间。

钢球选择必须按一定比例配合使用。钢球级配设计时，一般选用 3～5 级，常用 4 级，各级比例应遵循"两头小、中间大"的原则，即：最大规格和最小规格的钢球少一些，中间规格的钢球多一些。若相邻两仓都用钢球时，则前一仓的最小规格应作为后一仓的最大规格（交叉一级）。

而钢锻设计常为 2～3 级，如：$\phi25 \times 20$、$\phi20 \times 17$、$\phi17 \times 15$；各级比例平均分

配；即：选两级、则各占一半；选三级、则各占三分之一。

3. 根据粉磨系统具体条件确定各仓研磨体装载量和填充率

（1）磨机研磨体额定装载量由设备制造商（产品样本）提供，各仓装载量可参照单位仓长装载量平均分配，也可以参考同类型水泥企业的生产数据；然后根据各仓填充率换算结果最后确定。值得注意的是，球磨机总装载量不得超过产品样本中磨机额定装载量指标，以免发生主电机故障。

（2）如果入磨物料最大粒径在 5mm 以上，一仓需要抛落钢球冲击粉碎物料，填充率不要超过 30%；如果入磨物料最大粒径在 5mm 以下，一仓不需要抛落钢球，而需要倾泻钢球研磨物料，填充率应超过 30%；

（3）如果是开路粉磨系统，前仓填充率应低于后仓，有利于延长物料在磨内的停留时间，确保产品质量；如果是闭路粉磨系统，前仓填充率应高于后仓，有利于缩短物料在磨内的停留时间，提高台时产量。

# 第二节　钢球、钢锻级配方案的检验与调整

球磨机研磨体级配方案设计完成后，必须到生产实践中进行检验与调整。常见检验与调整的方法有如下 4 种：

## 一、根据磨机产量和出磨物料细度变化进行检验与调整

1. 当磨机产量低、出磨物料粗时，说明研磨体装载量不足或研磨体磨耗太高，此时应添加研磨体。

2. 当磨机产量不低，但出磨物料粗时，说明磨内研磨体的冲击力太强，研磨能力不足，物料的流速过快所致。此时应适当减少大球，增加小球和钢锻以提高研磨能力，使物料在磨内的流速减慢，延长物料在磨内的停留时间，以便得到充分的研磨。

3. 如磨机产量低、出磨物料细时，其原因是：研磨体平均球径偏低，小钢球太多，大钢球太少，相对研磨能力强，磨内冲击粉碎作用不足。应增大球、减小球，提高粉碎能力，缩短物料在磨内停留时间。

4. 若磨机产量不低，出磨物料细度合格时，说明研磨体的装载量和级配都比较合理，磨机运行正常。

## 二、根据"听磨音"或磨机负荷检测进行检验与调整

目前应用于磨机负荷检测的装置有：电耳（磨音）检测、主轴承振动检测和磨

尾提升机电流检测等方法。根据检测数据可以识别磨机不正常时的"饱磨"或"空磨"现象。如：仓内钢球冲击声音过强，属"空磨"现象，说明粉碎能力大，磨内物料流速过快；若仓内声音弱而发闷，属"饱磨"现象，说明粉碎能力不足，物料流速过慢。引起磨内不正常的原因很多，其中由研磨体造成"空磨"现象时，应减少球仓的填充率或减小钢球平均球径；出现"饱磨"现象时，则应提高其填充率或加大钢球平均球径。

### 三、根据磨内研磨体与物料的填充情况进行检验与调整

在磨机正常喂料和正常运转的情况下，研磨体与磨内物料保持着一个正常的比例关系。在研磨体级配方案实施后，可以采用经验办法来观察其是否合理和正常。当磨机正常工作时，突然停磨，稍等片刻，打开磨门，观察物料与研磨体的填充情况。头仓中的钢球应露出半个球体于料面之上。如钢球外露太多，说明装载量偏多或钢球平均球径太大；反之，说明装载量偏少或钢球平均球径太小。而在细磨仓，研磨体之上应覆盖10～20mm的物料层为宜。若盖料过厚，说明研磨体装载量不足或研磨体尺寸太小。

### 四、根据绘制磨内筛析曲线进行检验与调整

1. 筛析曲线制作方法

球磨机粉磨过程的筛析曲线是诊断研磨体级配是否合理和磨机运转是否正常的可靠依据，也是水泥粉磨工艺中科学、实用的生产技术之一。其制作过程如下：

在磨机正常运转情况下，同时停料、停磨，稍后开磨门进仓取样，从磨头到磨尾，每隔一定距离（0.5m或1m）分段，每段截面5个取样点（靠近筒体衬板边各取一个，中间取3个），隔仓板的两边和磨头、磨尾必须有取样点。

把每个取样点取得的试样混合均匀后，作为该取样点的平均试样并编好号，防止搞错，用0.08mm筛分别进行筛析，测得各段的筛余百分数（表3-6），然后以纵坐标为测出的筛余%（细度），横坐标为取样点离磨头的距离（m），把筛析数据标记在坐标图上，连线，即为该球磨机的磨内筛析曲线（图3-2）。

2. 筛析曲线评析

研磨体级配合理、操作良好的磨机，其筛析曲线的变化应当是：

（1）第一仓曲线比较陡。如果曲线中出现斜度不大，则表明磨机的作业情况不良，物料在这一段粉磨过程中细度变化不大。其原因可能是研磨体的级配、装载量和平均球径大小等不合适，应调整研磨体级配或清仓、补球；

（2）隔仓板前后的筛余百分数应比较接近、连续。如果相差很大，说明两仓能力不平衡，此时应首先检查隔仓板篦孔宽度是否符合要求，若过宽且超过规定数值 2mm 以上时，即应更换隔仓板或堵补篦缝；

如果隔仓板篦缝被钢球碎块堵塞，或未被粉碎的坚硬物料碎块与糊磨的粘结物堵塞，应立即停剔除堵物。

也可能由于磨机各仓的长度比例不当，前后仓破碎与研磨能力不匹配。先调研磨体的级配、装载量和平均球径，若无效，则应改变仓长比例；

（3）最后出磨阶段应有一段较长的、接近合格细度的水平线。它表明出磨物料细度稳定。否则，说明出磨物料存在跑粗现象，一方面有可能是隔仓板篦缝损坏，另一方面是需要调整后仓研磨能力。

3. 筛析曲线实例

某水泥厂辊压机—球磨机联合粉磨系统 $\phi 4.2m \times 13m$ 闭路球磨机，正常工作，突然停磨，进磨内取样筛析结果见表 3-6，磨内筛细曲线见图 3-2。

表 3-6　$\phi 4.2m \times 13m$ 闭路球磨机磨内取样筛析结果

| 编 号 | 0 | 1 | 2 | 3 | 4 | 5 | 6 | 7 |
|---|---|---|---|---|---|---|---|---|
| 距离（m） | 0 | 1 | 2 | 3 | 3.5 | 3.5 | 5 | 6 |
| $R_{0.08}$（%） | 47.3 | 35.6 | 31.0 | 28.1 | 25.1 | 25.0 | 23.3 | 22.0 |

| 编 号 | 8 | 9 | 10 | 11 | 12 | 13 | 14 |
|---|---|---|---|---|---|---|---|
| 距离（m） | 7 | 8 | 9 | 10 | 11 | 12 | 13 |
| $R_{0.08}$（%） | 19.2 | 15.4 | 13.0 | 10.3 | 9.2 | 8.9 | 8.1 |

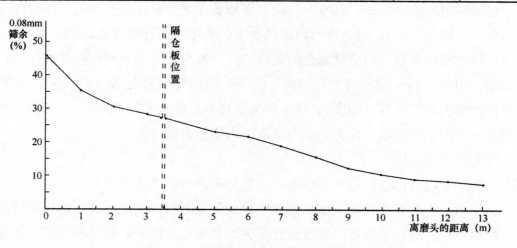

图 3-2　$\phi 4.2m \times 13m$ 闭路球磨机磨内筛细曲线

### 五、级配调整中的注意事项

1. 为了提高磨机台时产量，在主电机额定电流允许的情况下，可以适当增加研磨体装载量，但要调整级配比例，尽可能维持磨内平均球径不变。工业试验及生产实践证明：每增加 1t 钢球，磨机产量约提高 1t/h。

2. 为了降低出磨物料细度，使其达到粉磨系统工艺要求，在维持装载量不变的情况下，适当调整级配比例，减大球，加小球，降低磨内平均球径。工业试验和生产实践证明：尾仓平均球径降低 1mm，出磨物料细度 $R_{0.08}$ 筛余减少 2%～3%。

3. 近年来，许多水泥企业在辊压机—球磨机联合粉磨系统磨机尾仓应用耐磨陶瓷球，可以降低球磨机整体装载量 20%～30%。它已在多家水泥企业取得工业性试验成功，为水泥粉磨系统节能高产提供了创新的途径。值得注意的是，技术关键在于应用陶瓷球必须借助钢球级配、装载量或助磨剂的帮助。

## 第三节　钢球、钢锻级配方案设计实例

### 一、原始数据

某企业水泥粉磨系统为辊压机—球磨机联合粉磨工艺流程，配置：辊压机 HFCG160×140。V 型选粉机 VX8820。球磨机 $\phi 4.2m×13m$，一仓长度 3.5m，二仓长度 9m，原设计入磨物料粒度 ≤15mm，研磨体装载量 230t，台时产量 160t/h，O-Sepa 选粉机 N-4500 等。

### 二、参考同类企业生产数据

1. 设备制造商提供的磨机设计研磨体总装载量：230t；

2. 单位长度装载量：230÷（3.5+9）=18.4t/m

3. 一仓钢球装载量：18.4×3.5=64.4t

4. 二仓钢锻装载量：18.4×9=165.6t

5. 参照同类企业生产数据：取一仓装载量为 65t；二仓装载量为 165t。

### 三、本厂实际生产数据

最大入磨物料粒度 4.92mm，平均粒度 ≤2mm，水泥产品 P·O 42.5 细度 $R_{0.045}=11%$，比表面积 370m²/kg，粉磨系统台时产量 210t/h。

## 四、研磨体级配设计计算

1. 一仓最大球径：$D=28×(4.92)1/3=47.7$，取 $\phi50$

2. 一仓装载量：65t；

3. 一仓填充率：$65÷4.5÷(0.785×4.1×4.1)÷3.5=31.3\%$

4. 一仓平均球径：根据入磨物料平均粒度≤2mm，查表3-4，取 32.0mm

5. 二仓装载量：165t；

6. 二仓填充率：$165÷4.5÷(0.785×4.1×4.1)÷9=30.8\%$

7. 研磨体级配方案汇总（表3-7）

表 3-7　$\phi$4.2m×13m 球磨机（闭路）研磨体级配方案

| 仓　位 | 一仓（钢球） | | | | 二仓（钢锻） | | |
|---|---|---|---|---|---|---|---|
| 规　格 | $\phi50$ | $\phi40$ | $\phi30$ | $\phi20$ | $\phi25×20$ | $\phi20×17$ | $\phi17×15$ |
| 装载量（t） | 3 | 20 | 30 | 12 | 55 | 55 | 55 |
| 各级比例（%） | 4.6 | 30.8 | 46.1 | 18.5 | 33.3 | 33.3 | 33.3 |
| 备注 | 1. 平均球径：32.15mm；<br>2. 填充率：31.3%；<br>3. 装载量：65t；<br>4. 仓长：3.5m。 | | | | 1. 填充率：30.8%；<br>2. 装载量：165t；<br>3. 仓长：9.0m。 | | |

8. 该方案待生产试用、检验后，再酌情调整。

# 第四章 陶瓷球在通用硅酸盐水泥中的应用技术

## 第一节 陶瓷球与钢球的差异性

### 一、通用硅酸盐水泥粉磨用陶瓷球

**1. 概述**

2015 年 5 月 27 日，《中国建材报》头版报道了济南大学两位中年教师在山水集团球磨机水泥粉磨系统中，应用陶瓷球替代钢球、钢锻节电效果明显的消息，拉开了陶瓷球在我国通用硅酸盐水泥生产中应用的序幕。陶瓷球在水泥行业的应用，几十年前就有实例，只不过是在白水泥和彩色水泥生产中的应用，但在通用硅酸盐水泥 6 大品种生产中的应用，无人提及。不是不能用，而是由于前些年水泥产品供不应求，吨水泥平均净利润几十元，有些地方甚至超过百元，人们节电意识不强，没把这点"小事"放在议事日程之中。

众所周知，应用陶瓷球使球磨机装载量减少，整体负荷下降，因此，在主电机不更换的条件下，球磨机节电效果明显是必然的结果。近几年，水泥行业产能过剩，利润下滑，在竞争中求生存、求稳定的水泥企业，创新驱动，开源节流，积极依靠科技进步，提升企业经济技术管理水平；节能减排，降本增效，推进供给侧结构性改革，成为日常工作中的重中之重。随之，"陶瓷球应用技术"的研究与开发，在水泥行业蓬勃兴起。

几十年前，在轻工行业（涂料、油墨、滑石粉、石膏粉、坯料、釉料、造纸等），陶瓷球被称为"陶瓷研磨介质"，简称为"陶瓷磨介"，它是将亚微米级超细的氧化铝、氧化硅等原料粉，在成球盘内滚制成型后，干燥、施釉，再经窑炉高温烧结而成，适用于卧式砂磨机、立式砂磨机、湿式球磨机等制粉、制浆使用，具有磨耗低、耐腐蚀的特点；其产品规格从直径 0.2mm 至 60mm 不等，一般最大可生产直径 90mm 的球体，而且可按用户的要求生产。其不同规格的实物产品外观形貌如图 4-1-A 所示。施釉烧成的陶瓷球光亮滑润，特别适合大型、间歇球磨机，湿法粉磨使用。

对于水泥行业大型球磨机的研磨体，这种光滑的陶瓷球摩擦系数小，抗冲击能

A.轻工行业用陶瓷球　　　　　　　　　B.通用硅酸盐水泥用陶瓷球

图 4-1　耐磨氧化铝陶瓷球

力弱，一般无人问津，如果具备"高强耐磨、高韧抗碎、表面粗糙、磨削能力强"等特点，就会被广泛使用。如今的耐磨氧化铝陶瓷球（图 4-1-B），除"高韧抗碎"一点不足之外，其他要求都能满足。正是这些综合性能的要求，使陶瓷球开辟了进军水泥行业干法粉磨系统的道路。陶瓷球在高韧性陶瓷结构中置入了磨削能力极强的微晶物质，从而大大强化了对物料的研磨作用，更适合当前大型水泥集团普遍采用的辊压机—球磨机联合粉磨系统的需求。因此，以陶瓷球替代球磨机细磨仓的研磨体，成为水泥粉磨技术创新驱动的一大亮点。

2. 陶瓷球化学成分与物理性能

本书介绍的陶瓷球，是目前在水泥企业广泛选用的微晶耐磨氧化铝陶瓷球，它以优质氧化铝粉为基础原料，纯度高，杂质少，质量稳定，采用滚制或等静压方式成型，并经高温焙烧而成。其主要化学成分及物理性能见表 4-1。

表 4-1　微晶耐磨氧化铝陶瓷球化学成分及物理性能

| 名称 | $Al_2O_3$ | $SiO_2$ | $CaO+MgO$ | 密度 | 容重 | 硬度 | |
|------|-----------|---------|-----------|------|------|------|------|
| 单位 | % | % | % | g/cm³ | t/m³ | 莫氏 | HRC |
| 数值 | ≥92 | ≤7 | ≤2 | 3.6 | 2.2 | 9 | 80.8 |

陶瓷球是无机非金属材料、绝缘体，而钢球是金属材料、导体。目前在水泥企业使用的陶瓷球，常见 $Al_2O_3$ 含量≥92%的微晶耐磨氧化铝陶瓷球，最高含量达到99%，其体积密度为 2.95～3.85g/cm³，氧化铝含量越高，体积密度越高。按成型方法分为压制球和滚制球两种。通过多次试验，我们发现，相同材质、相同规格的陶瓷球，压制球破损率低于滚制球。

材料抵抗冲击载荷的能力称为"冲击韧性"，计量单位是焦耳/平方厘米（J/

$cm^2$）。高铬合金钢球冲击韧性≥4J/$cm^2$，而陶瓷球的冲击韧性≤1.5J/$cm^2$，因此，在入磨物料平均粒径≥5mm时，陶瓷球用在球磨机的冲击粉碎仓（一仓），研磨体运动状态以抛落为主，陶瓷球会频繁地冲击铸钢衬板，因此而引起过高的破损率。所以，要选对位置，尽其所能，陶瓷球此时不适宜用在多仓磨的头仓，只能适用于尾仓（研磨仓），或辊压机—球磨机联合粉磨系统流程中，入磨物料平均粒径小于1mm的球磨机研磨仓（尾仓）。

在水泥企业常用的高铬铸球的莫氏硬度一般为4.5～6.0，粉磨 P·O 42.5 水泥时，球耗一般在40g/t左右，而陶瓷球的莫氏硬度一般为8.0～9.0，粉磨 P·O 42.5 水泥时，球耗仅≤15g/t。在通用硅酸盐水泥粉磨过程中，常用的耐磨氧化铝陶瓷球的规格列入表4-2之中，其他规格也可以由陶瓷厂按水泥企业工艺要求订制。

表 4-2　水泥粉磨系统常用微晶耐磨氧化铝陶瓷球规格（mm）

| 规格 | $\phi50$ | $\phi40$ | $\phi30$ | $\phi25$ | $\phi20$ | $\phi17$ | $\phi15$ | $\phi13$ |
|---|---|---|---|---|---|---|---|---|
| 尺寸 | 50±2 | 40±2 | 30±1.5 | 25±1.5 | 20±1 | 17±1 | 15±1 | 13±1 |

## 二、小磨试验

1. 原理

（1）通过比较相同装载量、相同粉磨时间的 P·Ⅰ型硅酸盐水泥比表面积和抗压强度，来评价陶瓷球与钢球的粉磨能力。

（2）通过比较相同填充率（不同装载量）、不同粉磨时间的 P·Ⅰ型硅酸盐水泥比表面积，来评价陶瓷球与钢球的粉磨能力。

2. 试验材料

（1）水泥熟料：回转窑熟料28d强度大于55MPa，温度冷却到（20±3）℃；

（2）石膏：符合 GB/T 5483 中规定的 G 类或 M 类二级及其以上的石膏或混合石膏；

3. 试验小磨

水泥厂化验室用的 $\phi500×500$ 间歇磨，俗称"小磨"。电机功率1.5kW，转速48r/min，电压380V；

（1）研磨体：钢球和陶瓷球；

（2）级配：钢球 $\phi50$、$\phi40$、$\phi30$、$\phi20$，各 25kg，共 100kg；

陶瓷球 $\phi50$、$\phi40$、$\phi30$、$\phi20$，各 25kg，共 100kg；

4. 试验方法

（1）样品准备：水泥熟料和石膏水分≤1%；颗粒粒度≤5mm；入磨物料熟料

与石膏的质量比为：熟料：石膏＝95：5；混合样为三份，各5kg，共15kg。

（2）试验一：将按比例混合均匀的熟料、石膏混合样5kg加入小磨中；各级钢球各25kg、共100kg，加入小磨中、粉磨24分钟；停磨后取样，按GB/T 9074测其比表面积；

清磨后，将按比例混合均匀的熟料、石膏混合样5kg加入小磨中，各级陶瓷球各25kg、共100kg，加入小磨中、粉磨24分钟，停磨后取样，按GB/T 9074测其比表面积；

（3）试验二：清磨后，将各级陶瓷球分别各检出12.5kg共50kg，再将按比例混合均匀的熟料、石膏混合样5kg，与刚刚检出的陶瓷球50kg，一起加入小磨中，粉磨24min、34min、44min，分别停磨后取样，按GB/T 9074测其比表面积；

5. 试验结果

根据试验一、试验二的测试结果，分别填入表4-3、表4-4；然后对比试验结果，评价钢球与陶瓷球粉磨硅酸盐水泥能力的差异性。

表4-3

| 研磨体 | 填充率（%） | 粉磨时间（min） | 比表面积（m²/kg） | 抗压强度（MPa） | |
|---|---|---|---|---|---|
| | | | | 3d | 28d |
| 陶瓷球 | | | | | |
| 钢球 | | | | | |

表4-4

| 研磨体 | 填充率（%） | 装载量（t） | 粉磨时间（min） | 比表面积（m²/kg） |
|---|---|---|---|---|
| 陶瓷球 | | | | |
| | | | | |
| | | | | |
| 钢球 | | | | |

6. 举例

2015年10月30日，（作者）项目组取YDZL水泥厂的熟料、石膏和钢球、SDGTY陶瓷厂生产的微晶耐磨陶瓷球，按上述办法，进行了6次小磨试验，然后将其测试数据加权平均值列入表中（表4-5、表4-6），进行了评价和分析。

表4-5　相同装载量、相同粉磨时间钢球与陶瓷球的粉磨能力差异

| 研磨体 | 填充率（%） | 粉磨时间（min） | 比表面积（m²/kg） | 抗压强度（MPa） | |
|---|---|---|---|---|---|
| | | | | 3d | 28d |
| 陶瓷球 | 46.3 | 24 | 503 | 33.4 | 55.6 |
| 钢球 | 22.6 | 24 | 477 | 34.5 | 55.6 |

从表4-5的测试结果可以看出，在相同装载量的情况下，陶瓷球的填充率是钢

球的 2.05 倍，如果在粉磨时间相同的情况下，陶瓷球的粉磨能力并不比钢球差，且产品的比表面积略高于钢球的产品。将两种研磨体在试验小磨里粉磨的 P·Ⅰ 硅酸盐水泥分别取样，按国家标准 GB 175 规定检测强度，其结果 3d、28d 抗压强度基本持平。

表 4-6　相同填充率、不同粉磨时间钢球与陶瓷球粉磨能力的差异

| 研磨体 | 填充率（%） | 装载量（t） | 粉磨时间（min） | 比表面积（m²/kg） |
|--------|-----------|-----------|---------------|-----------------|
| 陶瓷球 | 22.6 | 0.05 | 24 | 396 |
|        |      |      | 34 | 442 |
|        |      |      | 44 | 478 |
| 钢球 | 22.6 | 0.10 | 24 | 477 |

从表 4-6 测试结果可以看出，在试验小磨内，两种研磨体填充率相同时，陶瓷球的装载量仅有钢球的一半。粉磨时间相同（24min）的情况下，陶瓷球粉磨出的 P·Ⅰ 硅酸盐水泥比表面积比钢球磨出产品低 20%。当陶瓷球的粉磨时间延长到 44min 后，其粉磨出的 P·Ⅰ 硅酸盐水泥的比表面积，才与钢球粉磨 24min 的产品持平。

### 三、大磨试验

利用实际水泥生产线上的球磨机进行工业性试验，俗称"大磨试验"。在正式推广陶瓷球应用技术之前，我们在小磨试验的基础上充分研究了小磨与大磨的差异性，在 YDZL 水泥厂的大力支持下，试装陶瓷球实施了连续一个月的工业运行。

1. 试验材料与设备

（1）原料

熟料、天然石膏、脱硫石膏、粉煤灰、炉渣。

（2）粉磨系统设备

水泥闭路粉磨系统，球磨机（$\phi4.2m \times 13m$），辊压机（型号 HFCG140-80，功率 $2 \times 500kW$），O-Sepa 选粉机（型号 N-3500）。

（3）研磨体

① 高铬钢球：$\phi30mm$、$\phi40mm$、$\phi50mm$；

② 高铬钢锻：$\phi12mm \times 14mm$，$\phi14mm \times 16mm$，$\phi16mm \times 18mm$；

③ 微晶耐磨氧化铝陶瓷球：$\phi13mm$、$\phi15mm$、$\phi17mm$、$\phi20mm$、$\phi25mm$；

（4）检测仪器

① 水泥抗压强度试验机；

② 水泥抗折强度试验机；

③ 水泥净浆搅拌机；

④ HELOS-RODOS 激光粒度仪；

⑤ 扫描电镜。

2. 工业性试验

（1）原理：采用 YDZL 水泥厂闭路水泥粉磨系统，研究陶瓷球替代钢锻后水泥粉磨台时产量、粉磨工况、粉磨能耗及水泥各项性能指标的变化。

（2）球磨机结构：YDZL 水泥厂是一个年产 100 万吨的水泥粉磨站，水泥粉磨系统球磨机为国产滑履磨，其规格为 $\phi4.2m\times13m$，共分为 2 仓，头仓与尾仓仓长分别为 3.5m 和 9.0m；试验前，仓内研磨体一仓为钢球，二仓为钢锻，磨前配辊压机。物料经辊压机预粉磨后，经打散机分级后，粗料回辊压机进料仓，重新被挤压，细料进入球磨机粉磨，出磨物料经 O-Sepa 选粉机分选后，不合格的粗粉返回球磨机，重新被粉磨。合格的水泥成品进水泥库。这是一条典型的辊压机—球磨机双闭路粉磨工艺流程。

（3）粉磨系统工艺流程图（图 4-2）。

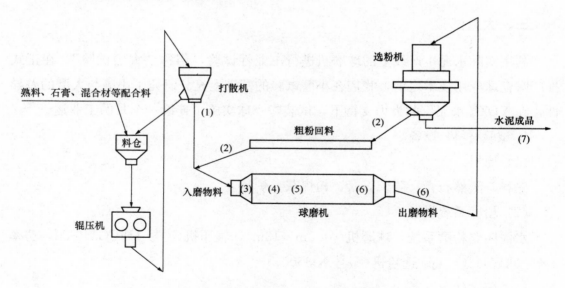

图 4-2    YDZL 水泥厂 $\phi4.2m\times13m$ 水泥粉磨系统工艺流程图

（4）试验过程

① 试验前停磨。首先我们打开磨门，分别进入头仓（一仓）和尾仓（二仓），实际测量该球磨机有效内经、仓长和头仓填充率，数据与厂方提供的参数基本符合。然后，关闭头仓磨门，点转磨机清仓，将尾仓物料和钢锻全部倒出。

② 选择 $\phi13mm$、$\phi15mm$、$\phi20mm$、$\phi25mm$ 规格的陶瓷球加入二仓，各级比例按"两头小、中间大"原则，共计 85t；计算实际填充率为 32.5%，比原来钢锻的填充率（29%）增加了 3.5%，以强化研磨作用。

③ 厂方组织化验室工作人员。决定缩短取样检测时间，每半小时一次检测细度，确保出磨物料达到内控指标要求；中控室严格控制选粉机成品细度，及时调整。磨机开动后，磨音明显降低，主电机电流下降较大，节电效果突显。经过一个班的连续运行，磨头喂料量始终提不上去，水泥粉磨系统台时产量减产较大。其运行期间工艺参数见表 4-7，试验小组与厂方商议决定停磨，调整研磨体级配方案。

表 4-7 二仓更换陶瓷球后磨机工况

| 球磨机 | 项目 | | 应用前 | 应用后 | 备注 |
|---|---|---|---|---|---|
| 磨内工况 | 装载量<br>（t） | 一仓 | 53 | 53 | 总装载量减少 70t，降低 33.7% |
| | | 二仓 | 155 | 85 | |
| | | 合计 | 208 | 138 | |
| | 填充率<br>（%） | 一仓 | 25.5 | 25.5 | 填充率不变 |
| | | 二仓 | 29.0 | 32.5 | 填充率增加 3.5 个百分点 |
| | 台时产量（t/h） | | 145 | 120 | 降低 25t/h，约 17% |
| | 主机电流（A） | | 180 | 120 | 降低 60A，约 33.3% |

④ 我们建议按常规处理，增加研磨体的装载量，就能增加台时产量，厂方表示同意。我们再在级配上适当进行调整，最终决定：原则上维持平均球径基本不变，一仓在原来的基础上，再增补 10t 规格为 $\phi30mm$ 的钢球；二仓陶瓷球的装载量也由 85t 增补到 95t。开磨运行一段时间后，出磨物料达到了目标技术指标。我们取样检测，研究水泥性能的变化，对比应用前后的磨机工况（表 4-8）。

表 4-8 调整后的球磨机工况

| 球磨机 | 项目 | | 应用前 | 应用后 | 调整后 | 备注 |
|---|---|---|---|---|---|---|
| 磨内工况 | 装载量<br>（t） | 一仓 | 53 | 53 | 63 | 总装载量减少 50t，降低 24% |
| | | 二仓 | 155 | 85 | 95 | |
| | | 合计 | 208 | 138 | 158 | |
| | 填充率<br>（%） | 一仓 | 25.5 | 25.5 | 30.3 | 填充率增加 4.8 个点 |
| | | 二仓 | 29.0 | 32.5 | 36.4 | 填充率增加 7.4 个点 |
| | 台时产量（t/h） | | 145 | 120 | 144 | 基本持平 |
| | 主机电流（A） | | 180 | 120 | 130 | 降低 50A，约 27.8% |

3. 结果与讨论

（1）一仓研磨体不变，二仓换陶瓷球

如表 4-7 所示，一仓钢球级配、装载量、填充率都维持现状；而二仓清仓后，将钢锻全部倒出，由 4 级微晶耐磨氧化铝陶瓷球替代，装载量为 85t。试验前二仓钢锻填充率为 29.0%，换成陶瓷球后，二仓填充率为 32.5%，增加了 3.5%；磨机研磨体总装载量减少 70t。由于磨机总体负荷降低，主机电流降低非常显著（降低 60A），约 33.3%，这正是节电的主要原因。但还是由于磨机研磨体装载量的减少，粉磨系统台时产量也降低了 25t，约 17%。这与上述小磨试验的结论是一致的。

换一种思路来解释，可以这样理解：物料经一仓钢球粉磨后，细度和流量都没有改变；而二仓换陶瓷球后，研磨体装载量减少了，所以，粉磨能力跟不上、不匹配。为了维持出磨物料的细度指标符合工艺要求，不得不减少磨头喂料量（降低出磨物料量），来保证水泥成品的合格率，这就是导致粉磨系统台时产量降低的缘由。

（2）一仓、二仓同时增加研磨体

针对第一天试验的具体情况，我们对粉磨系统的入磨物料、出磨物料、粗粉回料、成品细粉以及磨内隔仓板前后，分别取样筛析，初步得知，为了达到预期目标，必须对系统参数做一次调整，具体做法如下：

① 一仓增加 $\phi 30mm$ 的钢球 10t；

② 二仓继续提高填充率，加入 $\phi 15mm$ 的陶瓷球 10t；

③ 根据出磨物料微细粉含量减少的变化，适当调整选粉机成品细度，提高选粉效率。

如表 4-8 所示，系统调整后，一仓钢球装载量达到 63t，填充率达到 30.3%，增加了 4.8%；二仓陶瓷球装载量达到 95t，填充率达到 36.4%，比装钢锻时增加了 7.4%。这样，磨机总装载量的减少值为 50t，降低 24%。调整后的粉磨系统重新开车后，主机电流降低了 50A，约 27.8%；水泥台时产量达到了 144t/h，与试验前的生产能力基本持平。

接下来，我们对水泥成品进行了取样检验、分析，各项技术指标都达到了预期目标。经与厂方商议，继续运行考验。由于该粉磨生产线除球磨机、选粉机之外，其他设备基本照旧，车间工人一直按正常操作规程调控。一个月之后，厂方对水泥产量、用电情况进行了统计，经核算，二仓由钢锻换成陶瓷球后，水泥粉磨电耗降低 5.2kWh/t。

（3）试验终止

尾仓更换陶瓷球后，连续运行 35 天，厂方反映，近来台时产量有所减少，眼看快要下降 10t/h 了，我们赶赴现场，停磨检查，发现二仓陶瓷球出现碎球现象。原定清仓考核时间为 2000h，现在还没到，经商议，决定提前终止试验，清查陶瓷球破损率，以改进陶瓷球配料方案和生产工艺，总结经验教训和应用技术要点。

（4）粉磨产品性能特征

在本次工业性试验过程的前后，我们多次取样，分别将未加陶瓷球、二仓更换陶瓷球以及再次调整各仓研磨体，三种运行方式生产的 P·O 42.5 水泥，分别检测了它们的比表面积、抗折强度、抗压强度，以及水泥颗粒组成和标准稠度需水量，对其性能特征进行了对比分析，现分别表述如下：

① 物理检验水泥性能

按国家标准《通用硅酸盐水泥》（GB 175—2007）规定的检验方法，对陶瓷球应用前（简称：应用前）、二仓更换陶瓷球（简称：初用后）和再次调整各仓研磨体（简称调整后）三种水泥试样进行了物理检验，其结果如下（表4-9）。

表4-9　陶瓷球应用前后水泥产品的物理性能

|  | 项　目 | 应用前 | 初用后 | 调整后 |
|---|---|---|---|---|
| 水泥性能 | 比表面积（m²/kg） | 340 | 319 | 335 |
|  | 3d 抗折强度（MPa） | 4.7 | 5.1 | 5.1 |
|  | 3d 抗折强度（MPa） | 8.5 | 8.3 | 8.4 |
|  | 28d 抗压强度（MPa） | 26.1 | 25.8 | 26.5 |
|  | 28d 抗压强度（MPa） | 50.1 | 51.5 | 51.9 |
|  | 水泥标准稠度需水量（%） | 29.4 | 28.9 | 28.6 |

由表4-9中的数据可以看出，未使用陶瓷球前，二仓使用钢锻粉磨生产的水泥，比表面积为 340m²/kg，而二仓用陶瓷球替代钢锻后以及经研磨体调整后的水泥产品，比表面积分别为 319m²/kg 和 335m²/kg，都略有降低，这说明后者产品中 5μm 以下的微细颗粒减少了，需要激光颗粒分析仪检测结果来证实。

紧接着对三种水泥产品制样，进行抗折、抗压强度检验，结果 3d 抗压强度变化不大，28d 抗压强度略有提高，符合国家标准和企业内控标准要求。刚开始大家对水泥质量变化的疑虑迎刃而解。同时，大家也更加理解国家标准中，为什么把细度和比表面积列为"选择性指标"。因为水泥产品的强度值才是水泥质量的主要依据。

同时检验的还有水泥产品使用性能的另一个重要指标——水泥标准稠度需水量。结果显示，使用陶瓷球之后，水泥产品需水量降低了 0.5 和 0.8 个百分点，有利于水泥产品使用性能及其与混凝土外加剂相容性的改善。

　② 水泥颗粒形貌

　20 世纪 90 年代，人们开始研究水泥颗粒形貌对水泥性能的影响。水泥颗粒的形貌是指粉体颗粒的轮廓边界和颗粒表面的微观结构。水泥颗粒的形貌与粉磨工艺过程有关，不同的粉磨设备、研磨介质及分级方法，制成的粉体颗粒形貌都不一样。水泥粉体形貌并不都是球形颗粒，如果放在电子显微镜下观察，大部分是多边形、长条形、锥针形等不规则图形。由于颗粒形貌不同，其堆积的紧密程度就不一样，颗粒之间的空隙率也不一样，表现在成型、水化之后混凝土试体的强度值不一样，而且对水泥试体的后期强度增进率有明显的影响。如：球形颗粒流动性、排气性好，试体强度高；其他形状的颗粒流动性差，标准稠度用水量增加，使后期强度增进率低，强度值也低。

　在粉体工程学中常用球形度来表示颗粒形貌接近于球形的程度。将实际颗粒体积相等的球的表面积与实际颗粒的表面积之比，定义为"真球形度"。实际应用中，对于不规则颗粒的表面积测定十分困难，常用在电子显微镜下测得的实用球形度来表示。它是用面积等于颗粒投影面积的圆的直径与颗粒投影图最小外接圆的直径之比来表示。在水泥行业又称其为"圆度系数"，以（$f$）表示。最小外接圆的直径可以由颗粒能通过的最小圆形筛孔的尺寸确定。只有球形颗粒的圆度系数等于 1，其他形貌的颗粒圆度系数都小于 1。

　试验研究表明，将水泥颗粒的圆度系数由 0.67 提高到 0.85 时，水泥砂浆 28d 抗压强度可提高 20%～30%，配制混凝土的水灰比可降低 6%～8%，达到相同坍落度时的单位体积用水量可减少 14%～30%，减水剂掺量也减少三分之一，水泥水化速度也不一样，早期水化热约降低 25%。国内水泥专家黄有丰（教授级高工），将水泥圆度系数由 0.47 提高到 0.73 时，28d 抗压强度可由 49.8MPa 提高到 66.4MPa；王昕（教授级高工）等人，将水泥圆度系数由 0.65 提高到 0.73 时，28d 和 60d 抗压强度提高值为 6～10MPa。

　在对水泥颗粒形貌的研究中发现：球磨机的研磨体种类对出磨水泥的颗粒形貌有一定影响，在细磨仓使用小钢球的出磨水泥，比使用小钢锻的出磨水泥球型颗粒多、圆度系数大。因此，在球磨机尾仓用陶瓷球替代钢锻，也会增加水泥产品球形颗粒的含量，对水泥产品的颗粒形貌十分有利。我们利用扫描电镜 SEM，分别观察摄制了本次试验中使用不同研磨体：钢锻粉磨和陶瓷球粉磨水泥产品的颗粒形貌（图 4-3），对比分析如下：

　从照片可以看出，用陶瓷球粉磨的水泥颗粒球形度更好，究其原因，陶瓷球为规则球体，粉磨水泥时与物料为点接触，所以水泥颗粒球形度好；而钢锻粉磨水泥

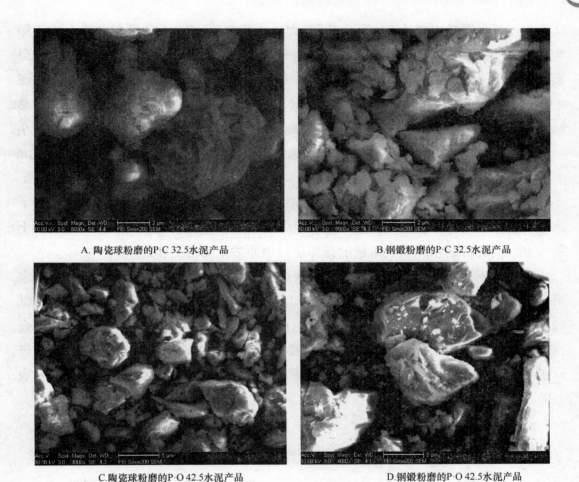

| A.陶瓷球粉磨的P·C 32.5水泥产品 | B.钢锻粉磨的P·C 32.5水泥产品 |

C.陶瓷球粉磨的P·O 42.5水泥产品　　　　　　　　　　　D.钢锻粉磨的P·O 42.5水泥产品

图 4-3　陶瓷球与钢锻粉磨的水泥产品 SEM 照片

时与物料为线接触，水泥颗粒球貌大部分呈长条形或多角形，球形度不如陶瓷球粉磨的水泥。

③ 水泥颗粒组成

在细度控制值（筛余或比表面积）相同时，水泥性能有时也会表现出较大的差异。在水泥成品中，不是单一的颗粒，而是包含不同粒径的颗粒群，所以，在控制水泥产品细度时，若只用 0.08mm 方孔筛筛余这一简单的表示方法，有 90％ 以上的水泥颗粒都通过筛孔成了筛下物，然而这些筛下物的颗粒大小并不清楚，故筛余量或比表面积相同时，也会出现水泥性能尤其是水泥强度不相同的现象，主要原因是其中不同粒径范围的水泥颗粒含量不相同。因此研究水泥的颗粒组成（亦称：颗粒分布或颗粒级配），探索与水泥质量更精确的定量关系，有着非常重要的意义。

国内外长期试验研究证明，水泥颗粒组成是水泥性能的决定因素，目前一般公认的水泥最佳颗粒组成为 3～30μm 颗粒含量。其中 0～10μm 的颗粒含量多少，影响着水泥产品早期强度的高低；10～30μm 的颗粒含量多少，影响着水泥产品的后期强度高低。到 20 世纪 80 年代中期，许多水泥专业文献又进一步明确提出：水泥中 3～30μm（或 32μm）颗粒对强度的增长起主要作用，其颗粒组成是连续的，总量应不低于 65%。其中 16～24μm 的颗粒对水泥性能尤为重要，含量愈多愈好；小于 3μm 的细颗粒，水化速度快，对早期强度贡献不大，不要超过 10%；大于 64μm 的颗粒活性很小，越少越好。

此外，水泥颗粒组成不合适，会影响水泥水化时的需水量（和易性）。若为了达到水泥砂浆的标准稠度而提高了用水量，则最终会降低硬化后的水泥石或混凝土的强度。因此控制水泥颗粒组成的指标是一项非常重要的工作。

我们在工业性试验现场，分别对试验前后的水泥成品取样，然后在我们的国家级企业技术中心，采用德国新帕泰克 HELOS-RODOS 激光颗粒分析仪，首先对试验前、尾仓使用钢锻粉磨的进行了颗粒组成测试，其结果见图 4-4。然后，对尾仓使用陶瓷球，并调整两仓研磨体后的粉磨系统，将生产的 P·O 42.5 水泥试样进行了颗粒组成测试，其结果见图 4-5。两种水泥产品的颗粒组成对比分析见表 4-10。

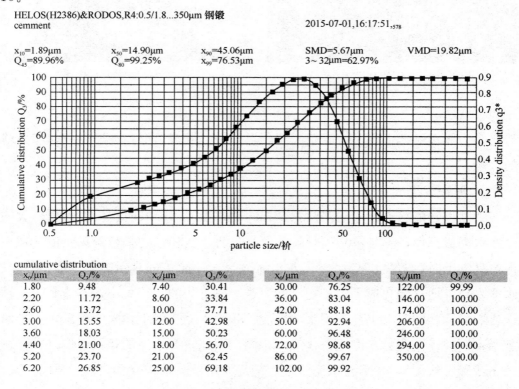

HELOS(H2386)&RODOS,R4:0.5/1.8...350μm **钢锻** cemment　　　　　　　　　　　　　　　　2015-07-01,16:17:51,578

$x_{10}$=1.89μm　　$x_{50}$=14.90μm　　$x_{90}$=45.06μm　　　　SMD=5.67μm　　　　VMD=19.82μm
$Q_{45}$=89.96%　　$Q_{80}$=99.25%　　$x_{99}$=76.53μm　　　　3～32μm=62.97%

cumulative distribution

| $x_0$/μm | $Q_3$/% | $x_0$/μm | $Q_3$/% | $x_0$/μm | $Q_3$/% | $x_0$/μm | $Q_3$/% |
|---|---|---|---|---|---|---|---|
| 1.80 | 9.48 | 7.40 | 30.41 | 30.00 | 76.25 | 122.00 | 99.99 |
| 2.20 | 11.72 | 8.60 | 33.84 | 36.00 | 83.04 | 146.00 | 100.00 |
| 2.60 | 13.72 | 10.00 | 37.71 | 42.00 | 88.18 | 174.00 | 100.00 |
| 3.00 | 15.55 | 12.00 | 42.98 | 50.00 | 92.94 | 206.00 | 100.00 |
| 3.60 | 18.03 | 15.00 | 50.23 | 60.00 | 96.48 | 246.00 | 100.00 |
| 4.40 | 21.00 | 18.00 | 56.70 | 72.00 | 98.68 | 294.00 | 100.00 |
| 5.20 | 23.70 | 21.00 | 62.45 | 86.00 | 99.67 | 350.00 | 100.00 |
| 6.20 | 26.85 | 25.00 | 69.18 | 102.00 | 99.92 | | |

图 4-4　钢锻粉磨的水泥产品颗粒组成

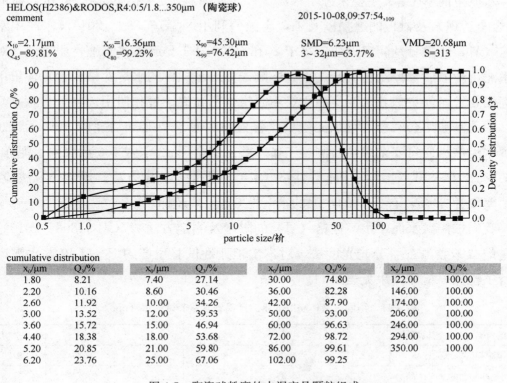

HELOS(H2386)&RODOS,R4:0.5/1.8...350μm　（陶瓷球）
cemment　　　　　　　　　　　　　　　　　　　　　2015-10-08,09:57:54,109

$x_{10}=2.17\mu m$　　　$x_{50}=16.36\mu m$　　　$x_{90}=45.30\mu m$　　　　SMD=6.23μm　　　VMD=20.68μm
$Q_{45}=89.81\%$　　　$Q_{80}=99.23\%$　　　$x_{99}=76.42\mu m$　　　　3～32μm=63.77%　　　S=313

cumulative distribution

| $x_0/\mu m$ | $Q_3/\%$ | $x_0/\mu m$ | $Q_3/\%$ | $x_0/\mu m$ | $Q_3/\%$ | $x_0/\mu m$ | $Q_3/\%$ |
|---|---|---|---|---|---|---|---|
| 1.80 | 8.21 | 7.40 | 27.14 | 30.00 | 74.80 | 122.00 | 100.00 |
| 2.20 | 10.16 | 8.60 | 30.46 | 36.00 | 82.28 | 146.00 | 100.00 |
| 2.60 | 11.92 | 10.00 | 34.26 | 42.00 | 87.90 | 174.00 | 100.00 |
| 3.00 | 13.52 | 12.00 | 39.53 | 50.00 | 93.00 | 206.00 | 100.00 |
| 3.60 | 15.72 | 15.00 | 46.94 | 60.00 | 96.63 | 246.00 | 100.00 |
| 4.40 | 18.38 | 18.00 | 53.68 | 72.00 | 98.72 | 294.00 | 100.00 |
| 5.20 | 20.85 | 21.00 | 59.80 | 86.00 | 99.61 | 350.00 | 100.00 |
| 6.20 | 23.76 | 25.00 | 67.06 | 102.00 | 99.25 | | |

图 4-5　陶瓷球粉磨的水泥产品颗粒组成

**表 4-10　两种研磨体粉磨的 P·O 42.5 水泥颗粒组成对比**

| 水泥颗粒组成（μm） | 3-32 | ≤3 | ≤10 | ≤30 | ≤60 |
|---|---|---|---|---|---|
| 钢锻粉磨的水泥（%） | 62.97 | 15.55 | 37.71 | 76.25 | 96.48 |
| 陶瓷球粉磨的水泥（%） | 63.77 | 13.52 | 34.26 | 74.80 | 96.67 |

由图 4-4、图 4-5 和表 4-10 所示的颗粒组成测试数据可以看出，使用陶瓷球替代钢锻粉磨水泥后，≤60μm 颗粒含量基本持平，≤3μm 的颗粒含量减少；水泥 3～32μm 颗粒含量增加，说明使用陶瓷球粉磨后，水泥颗粒组成更加合理。从这里也可以看出，微细颗粒对产品比表面积的影响十分敏感，虽然≤3μm 的颗粒含量减少，产品比表面积略有下降，但对水泥产品强度并无影响。

④ 水泥中 Cr（Ⅵ）含量

六价铬是很容易被人体吸收的，它可通过消化、呼吸道、皮肤及黏膜侵入人体。人体通过呼吸空气中含有不同浓度的铬酸酐时有不同程度的沙哑、鼻黏膜萎缩，严重时还可使鼻中隔穿孔和支气管扩张等，经消化道侵入时可引起呕吐、腹疼，经皮肤侵入时会引起皮炎和湿疹，长期接触或吸入时有致癌的危险。

水泥中的 Cr(Ⅵ) 主要来源于水泥生产所用原料、窑内耐火砖、磨机内研磨体（铬合金铸球）及衬板的磨损以及工业废渣的利用。GB 31893—2015《水泥中水溶性铬（Ⅵ）的限量及测定方法》将于 2016 年 10 月 1 日起正式实施，届时，其对我国水泥行业的质量控制将会产生很大影响。如果水泥中的水溶性铬（Ⅵ）含量不符合标准要求，就意味着水泥产品质量不合格，不允许销售和使用。

中国水泥协会联合国家水泥质量监督检验中心于 2015 年下半年开展了《2015 全国水泥产品质量安全风险监测》工作，共采集全国 32 个省 100 批次的水泥样品，按 GB 31893—2015《水泥中水溶性铬（Ⅵ）的限量及测定方法》规定的方法检测，合格率仅为 80%，有 20% 的水泥的水溶性 Cr(Ⅵ) 超标。

我们按照《水泥中水溶性铬（Ⅵ）的限量及测定方法》（GB 31893—2015）中规定的二苯碳酰二肼分光光度法，对本次工业性试验生产的 P·O 42.5 水泥产品进行了检测。检测结果见表 4-11。

表 4-11　不同研磨体粉磨的水泥产品铬含量测试结果　(mg/kg)

| 水溶性铬（Ⅵ）测试编号 | 1 | 2 | 3 | 4 | 5 | 平均 |
| --- | --- | --- | --- | --- | --- | --- |
| 钢锻粉磨的水泥产品 | 8.71 | 8.68 | 8.74 | 8.67 | 8.69 | 8.70 |
| 陶瓷球粉磨的水泥产品 | 5.33 | 5.36 | 5.39 | 5.40 | 5.32 | 5.36 |

从表 4-11 中测试结果可以看出，使用陶瓷球替代钢球粉磨水泥后，P·O 42.5 水泥产品中的水溶性铬（Ⅵ）含量平均值下降了 3.34mg/kg。陶瓷球的应用，不仅节电效果好，而且有利于减少水泥产品中的重金属污染，环保意义重大。由于该办法简单实用，成本低，除铬效果显著，它将越来越受水泥生产企业的欢迎。

⑤ 出磨水泥温度

在水泥粉磨系统生产过程中，出磨水泥温度过高会给水泥产品质量和机械设备带来一系列的影响和危害。由于磨内温度过高而引起出磨水泥温度高的原因如下：

a. 由于球磨机内研磨体之间滑动与滚动，研磨体与衬板之间的冲击、摩擦，从而产生大量热量，使磨内温度及水泥物料的温度升高。

b. 水泥球磨机通风不好，或者由于工艺条件限制，使得通风量不够，不能及时带走磨内热量，出磨水泥温度也会提高。

c. 目前球磨机大型化，水泥产量较高，而筒体表面散热的比例变小，不能有效排走热量，从而使得出磨水泥温度提高；

d. 一些外购水泥熟料的水泥粉磨站，或熟料篦冷机热交换效果欠佳的熟料生产基地，造成了入磨熟料物料温度超过 80℃，也会使出磨水泥温度提高。

e. 有些水泥厂为了迎合客户的不合理要求，对水泥的比表面积内控指标定得过高，造成出磨水泥细度要求过细，使得水泥温度上升；

f. 由于南方夏季酷热，也会造成进磨物料温度高和系统散热慢，最终形成磨内和成品水泥温度高的现象。

磨内温度高或出磨水泥温度高的危害如下：

磨内物料的易磨性随温度的升高而变坏；磨内的微细粉会互相摩擦产生静电吸附，除互相凝聚外，还吸附在研磨体上，形成缓冲层，影响水泥球磨机的粉磨效率；温度越高，这种凝聚的副作用越严重。如果水泥球磨机内温度超过 $120℃$，还会引起水泥的缓凝剂（二水石膏）脱水，形成半水石膏或无水石膏，导致水泥产品产生假凝现象，影响水泥产品质量，同时还会影响水泥球磨机的节能降耗；出厂水泥温度高，影响水泥的施工性能，混凝土坍落度损失大，甚至易使水泥混凝土产生温差应力，引起混凝土开裂等危害。

水泥球磨机无论是在运转中还是在停磨时，磨内温度高会使球磨机筒体内外产生较大的温度差，因而产生显著的热应力及热变形，这样会引起筒体衬板螺栓折断或机件损坏。热变形使停磨后的启动产生惯性力，形成运转时的电流脉动及本身振动。水泥球磨机内的热量传给滑履滑环（或主轴承），使其温度升高，影响设备安全运转率。

因此，依靠科技进步，严格控制磨内温度和出磨水泥温度，是水泥粉磨系统技术管理工作的重要内容。我们在试验现场，对磨内温度和出磨物料进行了多次检测，应用陶瓷球前后，磨内风温与出磨物料温度都有所降低，降低幅度在 $15\sim20℃$ 之间。

⑥ 噪声

在降低水泥球磨机粉磨车间的噪声方面，我们先来了解一个基本概念——分贝（dB）。这是声音压力级别的单位。1dB 是人类耳朵刚刚能听到的声音；20dB 以下的声音，一般就可以认为是安静的。40～60dB 属于人们正常交谈的声音；60～70dB 就是很吵闹的范围了；90dB 是正常人的听力极限，也就是说，超过 90 分贝就会使人听力受损。而待在 100～120dB 的空间，一分钟就会使人暂时性失聪致聋。

我们用 CEL-240 数字式声级计（便携噪声分析仪），在水泥粉磨车间距设备 1m 远处，进行过多次噪声测试，在距辊压机 1m 处不超过 85dB。球磨机在使用钢球、钢锻研磨体时，进料端其噪声在 95～98dB 之间波动，头仓和中部达到 100～110dB，尾仓又降到 93～95dB。将尾仓小钢球和钢锻混装的研磨体换成陶瓷球后，噪声在 78～83dB 之间波动，磨机噪声降低了约 15dB，远离了 90dB 的人类听觉极限。

⑦ 水泥与外加剂适应性

为了对比陶瓷球生产水泥与钢锻生产水泥与混凝土外加剂适应性，按照 GB/T 8077—2000《混凝土外加剂匀质性试验方法》水泥净浆流动度试验，检测水泥与外加剂的适应性，结果见表 4-12。

表 4-12　陶瓷球与钢锻粉磨的水泥产品与外加剂适应性试验结果

| 产品名称 | 水泥用量（g） | 拌合水（g） | 外加剂掺量（%） | 出机（mm） | 1h 保留（mm） | 所用水泥 |
|---|---|---|---|---|---|---|
| 陶瓷球生产 | 300 | 87 | 0.4 | 284 | 280 | P・O 42.5 水泥 |
| 钢锻生产 | 300 | 87 | 0.4 | 255 | 242 | |

通过以上试验数据可以看出，在混凝土外加剂掺量相同时，用陶瓷球粉磨的水泥在初始净浆流动度以及 1h 保留流动度方面都优于钢锻研磨的水泥，由 SEM 图片及颗粒级配数据可以得知，用陶瓷球粉磨的水泥颗粒形貌球形度更好，颗粒级配更佳，所以使得最终的水泥成品与外加剂的适应性变得更好。

（5）大磨试验总结

在水泥磨机工况适合的情况下，将强度、硬度、耐磨性能优异的氧化铝陶瓷球，替代水泥球磨机中现用的高铬钢球或钢锻研磨体应用于水泥粉磨，通过磨机装载量、填充率及系统的调整，可以保证水泥台时产量，不仅具有显著节电效果，而且对于水泥的性能和质量具有明显的改善作用。总结其主要优势如下：

① 节电：降低球磨机研磨体总装载量 20％，球磨机主机电流降低 20％以上，吨水泥节电 10％以上（4～5kWh/t）。

② 提质：在确保水泥强度指标不变的情况下，改善了水泥产品性能，颗粒组成更加合理，3～32μm 颗粒含量提高 2％以上，球形颗粒增多，标准稠度用水量下降 1％～2％，水泥产品与混凝土外加剂的相容性改善。

③ 降温：磨内温度降低 15℃以上，不仅使出磨水泥物料的温度降低，而且有利于设备安全运转率的提高。

④ 耐磨：陶瓷球的球耗一般是钢球的 50％；如：生产 42.5 级普通硅酸盐水泥，高铬钢球的球耗为 30～40g/t，而微晶高强氧化铝球≤15g/t。

⑤ 环保：磨机噪声降低 15dB 以上，保护了操作工听力健康。水泥产品重金属污染减少，有利于达到国家标准对水泥产品中水溶性六价铬含量的限值（≤10mg/kg）。

### 四、试验故障分析及结论

"破球"和"减产"是陶瓷球在通用硅酸盐水泥应用中最常见的两大难题。尽管陶瓷球容重轻、运行节电、磨内发热少、磨温低，有利于提高粉磨效率和水泥产品对混凝土外加剂的适应性，备受许多水泥企业青睐。但这两大难题又使许多有心人望而止步，心有余悸，成为陶瓷球推广应用中的潜在障碍。"减少陶瓷球的破损，是推广陶瓷球的必备前提；遏制球磨机减产，是水泥企业的必然要求。"当前急需大家齐心协力，规范市场，推进供给侧结构性改革，为水泥企业用好陶瓷球、实现节能降耗献计献策。

1. 降低陶瓷球"破损率"的途径

（1）配料方案中添加"增韧"元素：陶瓷球属无机非金属材料，当它的硬度、耐磨性达到一定程度后，韧性不足的弱点就显露无遗了。球磨机内部的衬板和构件，目前都是铸钢材质；球磨机内部研磨体和粉磨物料的运动状态，也是在滚动、滑动、冲击、碰撞等错综复杂、变换交替地进行着；因此，陶瓷球在粉磨物料的同时，本身也受到了不同形式、不同方向、不同大小的反作用力。此时除耐磨、抗蚀之外，抗冲击的韧性就显得十分重要。专门针对干法水泥粉磨而开发的陶瓷球产品，必须加入微量元素（如：氧化锆等）改性增韧，才能保证它不仅强度高，而且还具备较好的韧性。

（2）优选成型方法：陶瓷球成型方法常见的有压制球和滚制球两种。由于工艺过程的差异，导致成型、焙烧后的球石内部晶体结构不同，密实程度和抗冲击的能力也不一样，通过多次、反复的破坏性试验，我们发现，在研磨水泥物料的过程中，相同材质、相同规格的陶瓷球，压制球破损率低于滚制球。

（3）陶瓷球不宜用在球磨机的冲击粉碎仓：在水泥粉磨过程中，当入磨物料粒度≥5mm时，球磨机的第一仓，需要研磨体处于抛落状态，以冲击粉碎作用为主，将大块物料粉碎成细颗粒。此时，研磨体不仅受到强大的"反作用力"，而且也难免碰撞到磨内密布的铸钢衬板、隔仓板及其他构件上，所以，这样的工况不适合韧性有限的陶瓷球工作。否则会出现较高的破损率。

（4）空仓装磨时，先加料，后加球：我国水泥行业已经强制性地淘汰了 $\phi 3m$ 以下的球磨机，各企业在研磨体装磨时，都采用电动葫芦吊装卸球，此时的落差都在 3m 以上，陶瓷球卸落到铸钢衬板上，会使球体内部产生不同程度的微裂纹，影响陶瓷球的使用寿命。所以，空仓装磨时应先加进 2～3t 物料（或散装水泥），缓解冲撞力，保护陶瓷球。

2. 解决粉磨系统台时产量降低的途径

在水泥企业，许多人都错误地认为：陶瓷球应用没什么技术，不就是把球磨机尾仓的钢锻倒出来，换上陶瓷球吗。实际上，这么做的后果，就只能把粉磨系统的台时产量一降再降。原因很简单，不降低产量，出磨物料中合格的水泥成品含量太少，要保证水泥产品质量（细度、比表面积）达到内控指标，就得降低产量。好多在水泥粉磨车间工作十几年或几十年的员工，开始都不相信这个事实，按使用钢球、钢锻的"经验"使用陶瓷球，球磨机台时产量一下子就降了20％～30％，再多加陶瓷球，问题也得不到解决。只有此时，各位才不得不承认：应用陶瓷球，既要粉磨系统节电又不能降低水泥的产、质量，同志还需努力。这正是陶瓷球应用技术的科技含量所在。

陶瓷球的硬度、耐磨性能，都不亚于钢球，我们通过多次小磨试验，都证实了这一点：在相同规格、相同装载量、相同粉磨时间的条件下，陶瓷球与钢球粉磨水泥的产、质量基本持平。为什么进了大磨，差异就显现出来呢？究其原因主要有两点：

（1）陶瓷球容重为 $2.2t/m^3$，而钢球容重为 $4.5t/m^3$。在球磨机同一仓位内，陶瓷球一般做不到与钢球、钢锻有"相同装载量"；如果装载量相同，陶瓷球的体积（或填充率）就得是钢球、钢锻的2倍。然而，球磨机磨内填充率的限值必须小于50％。所以，容重轻，是陶瓷球节电的"本钱"，同时又是"不可超限"的弊端。

（2）干法粉磨水泥的球磨机，是磨头加料、磨尾出料的连续性工作设备。物料从进口到出口，一般在磨内停留时间只有18～20min。大型球磨机的尾仓长度为8～9m，物料最长的停留时间都在10～15min之内。陶瓷球受填充率所限，装载量无法增加，粉磨时间又不可能延长，要想把物料磨细，符合企业内控指标要求，这就是难题：陶瓷球的研磨能力与钢球、钢锻不在一个数量级上，换句话说，陶瓷球不能与钢球、钢锻在"同一起跑线上"比赛，必须要向前仓的钢球甚至延伸到磨前的预粉碎（辊压机）系统"借力"，让进入尾仓的物料比装钢球、钢锻时更细，没有前面的帮助，它在尾仓必然"掉链子"。应用陶瓷球之前，如果这两点没看清，没想通，球磨机"减产"，那就在意料之中。

在应用陶瓷球之前，我们一定要打开磨门，进入球磨机内，测量一下各仓研磨体的实际填充率（计算实际装载量），做到心中有数。经过多次大磨试验，在入磨粒度≤5mm的水泥粉磨系统，我们摸索出一套简单的解决办法——"空高操作法"，即：在使用陶瓷球的前一仓（钢球仓）内补球，直至仓内的高径比 $H/D_i$

（研磨体表面的空间高度 $H$ 与有效内径 $D_i$ 之比）达到适宜的目标范围：0.55（上限）～0.60（下限），它所对应的填充率上限约为 43%，下限约为 37%；过低无力，过高无益。这样之后，只要尾仓陶瓷球的装载量达到原来尾仓钢锻（或小钢球）装载量的 60%～70%，预期目标就会实现，水泥粉磨系统的台时产量就不会降低或仅仅略有降低（≤5%原产量）。

有些水泥企业反映，他们的球磨机钢球填充率超过 30% 后，球加不进去。那怎么办呢？原因在于：部分国产球磨机和大型的滑履磨的设计参数中，都是以金属研磨体（钢球、钢锻）为参照物，一仓装载量要服从冲击粉碎的需要，填充率一般都不超过 30%，否则，钢球形不成抛落状态，冲击力达不到工艺要求。因此，没有考虑今后填充率提高的需要，磨头进料口设计尺寸偏大。如果是这样的磨机，那么就应该在使用陶瓷球之前，对进料口适当进行改造，增加一段进料螺旋，缩小进料口尺寸，就可以加进钢球了（图 2-13）。

对水泥企业来说，目前陶瓷球应用技术闯出了一条水泥粉磨节能的新途径，在创新驱动的新形势下遇到一点小波折也是难免的。只要我们精心操作，认真总结，一定能在最短的时间内把这项经济实惠的技术学会、弄懂、掌握好，为企业的节支降耗增光添彩。

## 第二节 陶瓷球在水泥粉磨中的应用技术

### 一、水泥粉磨系统及其工艺参数的选择

新型干法水泥生产球磨机是一个"加料—粉磨—出料"连续工作的机械设备，入磨物料和出磨物料都有一定的技术指标要求，而物料在磨内被粉磨的停留时间仅有 15～20min，经过研磨仓的时间会更短（10min 左右）。因此，由于时间有限，陶瓷球往往不能把物料研磨得更细，微细粉含量偏少，出磨物料比表面积提高幅度有限，所以在应用陶瓷球而选用水泥粉磨系统时，首先要做好调研与考察，必须考虑两点：一是进入陶瓷球仓的物料粒度是否符合要求；二是陶瓷球仓前面的仓位有没有增加研磨能力的空间。

1. 一级闭路球磨机水泥粉磨系统

普通球磨机水泥粉磨系统中，带箅缝的隔仓板把磨机筒体分为两个或几个仓；物料由磨头连续加入，在水平转动的筒体内由磨头自动流向磨尾。磨机头仓一般装钢球或钢棒，主要对入磨物料进一步地进行冲击粉碎；而尾仓装小钢球或钢锻，主要对物料起研磨作用，使出磨物料达到合格细度。正常情况下，尾仓的研磨体处于

倾斜状态，而进入尾仓的物料颗粒都在 1mm 以下，为陶瓷研磨体取代钢球、钢锻创造了必要条件。因为后面还有选粉机控制产品细度，进入陶瓷球仓的物料细度一般要求在 0.08mm 筛筛余 20％～25％；出磨物料细度一般要求在 0.08mm 筛筛余 10％以下。

（1）一仓入磨物料粒度≥5mm 时，选择陶瓷球替代钢锻（或小钢球）的成功率极低。一仓入磨物料粒度≤5mm 时不能选择两仓球磨机，只能选择三仓球磨机，二仓可增加钢球（或钢锻），加强研磨能力，三仓可以全部换成陶瓷球。

（2）一仓入磨粒度≤1mm 时，可以选择两仓球磨机，一仓可增加钢球（或钢锻），加强研磨能力，二仓可以全部换成陶瓷球。

2. 辊压机—球磨机联合水泥粉磨系统

随着水泥粉磨工艺的技术进步，目前我国大型水泥企业（集团）的水泥终粉磨系统，70％以上都选用了"辊压机—球磨机"联合粉磨工艺流程。即：利用高效节能的辊压机将水泥配合料挤压粉碎至 1mm 以下，再利用球磨机的"两大优势功能"（粉磨均化、球化造粒）生产出高质量的水泥产品，并实现水泥粉磨过程的节能高产。因此，陶瓷球应用在这种水泥粉磨系统成功率非常高，前景十分广阔。

（1）单闭路系统（球磨机不带选粉机的系统）要控制入磨物料粒度在 0.08mm 筛筛余 30％以下；可以选择两仓球磨机，一仓增加钢球，加强研磨能力；二仓可以全部换成陶瓷球，成功率较高。

（2）双闭路系统（球磨机带选粉机的系统），要控制入磨物料粒度≤1mm（或 0.08mm 筛筛余≤45％）。可以选择两仓球磨机，一仓增加钢球，加强研磨能力；二仓可以全部换成陶瓷球，成功率较高。

## 二、陶瓷球级配设计原则

目前，我国干法水泥球磨机都是以钢球为研磨体而设计的。因此，陶瓷球的级配设计原则也要参照钢球级配的设计原则来确定。二者的主要区别如下：

1. 陶瓷球最大球径的确定。

按公式：$D_{最大球径} = 28 \times \sqrt[3]{d_{最大物料粒径}}$

依据入磨物料最大粒径，先计算出最大钢球球径，然后确定陶瓷球的最大球径，即：比理论计算的钢球球径大一级。

如果前仓使用钢球，后仓使用陶瓷球，则遵循前后仓级配交叉一级的原则，并考虑陶瓷球质量轻的因素，选择陶瓷球的最大球径应比前一仓的最小钢球球径大一级，这样有利于实现前后仓的粉磨能力平衡。

2. 陶瓷球采用四级配球，陶瓷球的各级装载量不能平均分配。

陶瓷球一般采用四级配球，各级装载量要兼顾紧密堆积的原则，使其空隙率尽量减小，提高陶瓷球与物料的接触机会和研磨效率，有利于对水泥颗粒的球化造粒，改善水泥产品的使用性能。经过多次工业性试验，我们发现各级陶瓷球的装载量，不宜采用平均分配的原则，而采用"前少后多"的分配方案（如 20％：20％：30％：30％）效果较好，即：大球所占比例略低于小球的比例。

3. 陶瓷球填充率与工艺流程无关

钢球级配设计时，要考虑按粉磨系统流程（开路、闭路）来确定多仓磨的各仓研磨体装填形式：前仓高、后仓低，前仓低、后仓高，或前后仓持平等，以便控制磨内物料流速和出磨物料细度。由于陶瓷球材质轻，在球磨机运转过程中，处于倾斜状态的陶瓷球会产生较松散的活动空间，相比钢球、钢锻的研磨仓，其物料流速快、通风阻力小。一般情况下，陶瓷球仓的适宜装载量都要低于钢球（钢锻）仓。所以，无论是开路粉磨系统还是闭路粉磨系统，陶瓷球仓的填充率都高于前面的钢球（或钢锻）仓。

### 三、陶瓷球与钢球配合使用注意事项

由于陶瓷研磨体在通用硅酸盐水泥生产中的应用还处于初级阶段，绝大部分企业还只是在原来的生产线上，从节能的角度，在球磨机的尾仓开始试用，采用前仓装钢球、后仓装陶瓷球的形式运行。应注意的事项如下：

1. 水泥粉磨车间必须具备完整的设备技术档案。包括粉磨系统的设备配置、详细的规格型号、技术参数，球磨机的结构图及其工艺参数，包含：各仓钢球（钢锻）级配、装载量、填充率、仓位长度、台时产量、单产电耗、入料粒度、出料粒度、成品细度、比表面积、水泥品种、混合材名称、掺量等。

2. 球磨机研磨体仓位安排，钢球应在前仓、陶瓷球应在尾仓。陶瓷球与钢球、钢锻不可混装，以免引起陶瓷球的破损。我们经过 48h 工业性试验运行，结论是：陶瓷球与钢锻混装对水泥粉磨并没有什么明显作用。

3. 如果前仓装钢球，后仓装陶瓷球，后仓应增加填充率 2％～3％，才能保持前后仓物料流速基本平衡，并有利于控制出磨物料的细度值，因为在相同粉磨时间内，钢球（钢锻）的研磨能力强，粉磨速度快。多次工业试验证明：前仓钢球填充率应达到 37％以上，尾仓陶瓷球的填充率在 40％左右为宜，过高无益，过低无力。

4. 钢球仓尽量采用清仓后，按研磨体设计方案重新装球的办法操作，否则，应打开磨门重新测量磨内钢球表面净空高度，核准实际装载量后，再确定补球方

案，达到与陶瓷球配合的钢球填充率增加要求。

5. 仔细测量球磨机进料口尺寸，如果发现一仓钢球填充率超过 37%，出现了磨头漏球现象，应在装陶瓷球之前，先在进料口进行技术改造，调整进料管，加装内进料螺旋（图 4-6）或外进料螺旋（图 4-7）。

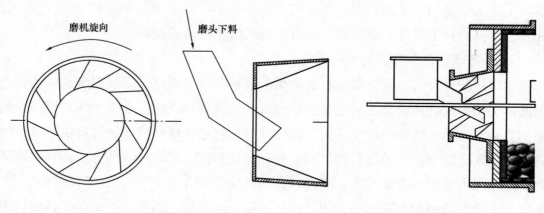

图 4-6　内装进料螺旋　　　　　　　　　图 4-7　外装进料螺旋

## 第三节　陶瓷球应用实例

### 一、辊压机—球磨机联合粉磨系统

山东 JZFL 水泥公司水泥粉磨车间，有两套完整的双闭路辊压机—球磨机联合粉磨系统，辊压机规格：170×100；V 型选粉机规格：V8820；球磨机规格：$\phi$4.2m×13m；研磨体总装载量：237t（一仓钢球 57t；二仓钢锻 180t）；水泥品种：P·O42.5；台时产量：210t/h；单产电耗：33kWh/t。

在 SDHY 公司专家的指导下，从 2016 年 1 月开始，公司在 1 号球磨机尾仓以微晶氧化铝陶瓷球替代钢锻的工业运行。连续运行六个月以来，工况良好，无明显破球现象。现将该粉磨系统基本情况、工业运行过程及水泥产品分析结果报告如下，供同仁们了解、参考。

1. JZFL 公司双闭路辊压机—球磨机联合粉磨系统全景（图 4-8）

2. 球磨机研磨体级配方案对比

应用陶瓷球工业运行过程如下：之前，球磨机已全部清仓，一仓按研磨体级配设计方案装入钢球；二仓先装入 3t 散装水泥，然后再按研磨体级配方案装入陶瓷球。一切准备就绪后，粉磨系统按预定程序依次通电启动。该系统研磨体级配方案在运行前后的变化见表 4-13。

图 4-8 JZFL 公司应用陶瓷球工业运行现场（图中左下角为待装陶瓷球）

表 4-13 应用陶瓷球试验前后研磨体级配方案对比

| 项目名称 | | 一仓（仓长 3.5m） | | | | | 二仓（仓长 9m） | | | |
|---|---|---|---|---|---|---|---|---|---|---|
| 试 | 规格/mm | $\phi50$ | $\phi40$ | $\phi30$ | $\phi25$ | $\phi20$ | $\phi16\times18$ | $\phi16\times18$ | $\phi16\times18$ | $\phi16\times18$ |
| 验 | 装载量/t | 4 | 15 | 21 | 0 | 17 | 33 | 49 | 57 | 41 |
| 前 | 填充率/% | 26.2 | | | | | 28.4 | | | |
| 试 | 规格/mm | $\phi50$ | $\phi40$ | $\phi30$ | $\phi25$ | $\phi20$ | $\phi25$ | $\phi20$ | $\phi17$ | $\phi15$ |
| 验 | 装载量/t | 4 | 13 | 29 | 5 | 24 | 20 | 20 | 35 | 35 |
| 后 | 填充率/% | 38.2 | | | | | 43.3 | | | |

如表 4-13 所示，试验前一仓钢球装载量为 57t，二仓钢锻装载量为 180t。试验后一仓钢球装载量为 75t、增加了 18t（31.6%）；二仓陶瓷球装载量为 110t，比原来减少了 70t，降低 38.9%。球磨机总装载量减少了 52t，降低了 22%。一仓装载量增加，是为了提高研磨能力，降低进入二仓的物料粒度，为陶瓷球应用创造条件，确保出磨物料细度、比表面积达到企业内控技术指标。

3. 运行前后水泥磨系统工艺参数对比

陶瓷球替代二仓钢锻之后，水泥粉磨系统很快达到稳定状态。我们选取了三天的运行记录，取现场实际工艺数据，计算其平均值，与使用陶瓷球之前的粉磨工艺参数进行对比，其结果见表 4-14。

表 4-14 陶瓷球应用运行前后粉磨系统工艺参数对比

| 水泥品种 | 研磨体 | 电流/A | 出磨风温/℃ | 出料温度/℃ | 台时产量/（t/h） |
|---|---|---|---|---|---|
| P·C 42.5 | 钢球/钢锻 | 205 | 31 | 90 | 220 |
| P·C 42.5 | 陶瓷球 | 145 | 25 | 73 | 218 |

续表

| 水泥品种 | 研磨体 | 电流/A | 出磨风温/℃ | 出料温度/℃ | 台时产量/t·h |
|---|---|---|---|---|---|
| P·O 42.5 | 钢球/钢锻 | 203 | 33 | 92 | 210 |
| P·O 42.5 | 陶瓷球 | 147 | 28 | 75 | 210 |

从表 4-14 可以看出，磨制 P·C 42.5 和 P·O 42.5 水泥，台时产量基本无变化。磨内风温有所降低（在 5℃ 左右），同时，出磨物料温度降低幅度较大（在 17℃ 左右）。可喜的是，在更换陶瓷球后，球磨机电流降低幅度都在 55A 以上，按照本厂实际电耗统计规律测算，球磨机水泥粉磨系统每吨水泥节电在 4.5度电左右，按照平均电价（0.6 元/度）计算，每年可为该公司节省电费 300 万元以上。

4. 运行前后水泥产品颗粒组成对比

我们对更换陶瓷球前后的水泥产品随机取样，用激光颗粒分析仪进行了颗粒组成分析，其结果见表 4-15。

表 4-15 陶瓷球使用前后水泥成品颗粒组成对比

| 项目名称 | | 颗粒组成（累计%） | | | | | |
|---|---|---|---|---|---|---|---|
| 粒径范围（μm） | | ≤3 | ≤10 | ≤30 | ≤45 | ≤80 | 3~32 |
| 使用前 2015.5 | | 15.47 | 38.64 | 73.98 | 87.35 | 98.81 | 60.65 |
| 使用后 | 2016.1.17 | 15.29 | 39.70 | 77.19 | 90.00 | 99.03 | 63.36 |
| | 2016.1.18 | 15.23 | 40.17 | 77.7 | 90.23 | 99.12 | 63.55 |
| | 平均值 | 15.26 | 39.93 | 77.45 | 90.11 | 99.07 | 63.45 |

表 4-15 中，小于 3μm 的颗粒含量由 15.47% 降低到 15.26%，减小了 0.2 个百分点，比表面积略有减低。小于 10μm 的颗粒含量由 38.64% 增加到 39.93%，增加了 1.29 个百分点，确保 3d 强度增加。3~32μm 的颗粒含量由使用前的 60.65%增加到使用陶瓷球后的 63.45%，提高了 2.8 个百分点，有利于后期强度的提高。小于 45μm 颗粒含量由 87.35% 增加到 90.11%，增加了合格细粉的含量，水泥产品质量明显改善。

5. 运行前后水泥净浆流动度对比

我们对更换陶瓷球前后的水泥产品随机取样，按照国家标准《混凝土外加剂匀质性试验方法》（GB/T 8077—2000）进行了水泥净浆流动度测试，其结果见表 4-16。

表 4-16　陶瓷球使用前后产品水泥净浆流动度对比

| 项目名称 | 水泥用量（g） | 外加剂掺量（%） | 用水量（g） | 初始（mm） | 1h 保留（mm） |
|---|---|---|---|---|---|
| 钢球、锻粉磨 | 300 | 0.35 | 87 | 268 | 266 |
| 陶瓷球粉磨 | 300 | 0.35 | 87 | 273 | 270 |

由表 4-16 中的对比结果可以看出：使用陶瓷球粉磨水泥后，水泥净浆初始流动度由 268mm 提高到 273mm，1h 保留略有增加，说明使用陶瓷球后粉磨的水泥成品与混凝土外加剂的适应性和水泥使用性能都得到了改善。

经过水泥物理检验，证实水泥产品需水性改善，这是由于使用陶瓷球研磨的结果。陶瓷球研磨原理区别于钢锻研磨体的是：钢锻的研磨是线接触，研磨速度快，但容易造成水泥颗粒微观形貌呈长条形体、多角形体；而陶瓷球研磨物料是点接触，产品颗粒形貌以球形居多，水泥产品使用性能好，后期强度增进率高。

6. 特别适应"高铁水泥"技术指标要求

本企业是高铁水泥专供单位之一。高铁水泥技术指标要求十分严格，不允许采用磨细水泥（提高比表面积）的办法来提高水泥早期强度，防止施工构建早期开裂和影响混凝土耐久性。招标水泥产品既要满足国家标准《通用硅酸盐水泥》（GB 175—2007）的相关规定之外，还要满足《铁路混凝土工程施工质量验收补充标准》（铁建设 2009-152 号）中的相关规定。行业内有些网民调侃称，水泥标准中"某些技术指标只有下限，没有上限"。然而，铁路验收补充标准中增设了三项上限指标和一项强制性规定：

（1）水泥比表面积≤350m²/kg（按 GB/T 8074 检验）。

（2）骨料具有碱—硅酸反应活性时，水泥的碱含量不应超过 0.60%。C40 及以上强度等级混凝土用水泥的碱含量不宜超过 0.60%（按 GB/T 176 检验）。

（3）水泥熟料中的 $C_3A$ 含量非氯盐环境下不超过 8%，氯盐环境下不应超过 10%（按 GB/T 21372 相关规定检验）。

（4）为保证产品质量，投标人应在投标文件中注明，并提供粉磨站所需熟料来源为投标人唯一一家熟料生产厂的证明或承诺。

本公司更换陶瓷球后生产的水泥产品，一次性通过铁路客户的招标验收，为我国加速"一带一路"建设及高速铁路建设做出了应有的贡献。

7. 结语

针对本公司 $\phi4.2m \times 13m$ 球磨机尾仓以陶瓷球替代钢锻后的运行，为实现陶瓷球研磨能够达到出磨物料内控指标要求，在配球方案设计上，维持了一仓钢球平均球径基本不变并增加装载量及填充率，同时，二仓陶瓷球填充率设计较高

（43.3%）。陶瓷球运行6个月以来，粉磨系统生产P·C 42.5和P·O 42.5水泥台时产量（210t/h）稳定；磨内风温有所降低（在5℃左右）；出磨物料温度降低幅度较大（在17℃左右）。可喜的是，在更换陶瓷球后，球磨机电流降低幅度都在55A以上，按照本厂实际电耗统计规律类比，球磨机水泥粉磨系统每吨水泥节电在4.5度电左右，按照平均电价（0.6元/度）计算，每年可为本公司节省电费300万元以上。

关于陶瓷球研磨体的磨耗问题，运行6个月以来，利用检修时间打开磨门观察陶瓷球表面磨损和用量具测量，磨损很轻微，测量不出磨损数据，因为使用时间较短，具体损耗未获得。总体上讲，本公司所使用的陶瓷球确实具有高强、耐磨的特点，打消了我们对陶瓷球研磨体"易碎、降产、增耗"的疑虑。

## 二、其他球磨机粉磨系统

（一）XTZC水泥公司

1. 原始数据

φ4.2m×13m 一仓长3m、装载量60t、填充率31%、二仓长9.4m、装载量170t、填充率30%。一台磨机生产不同品种（强度等级）的水泥，开路、闭路两用；水泥产量：（P·C 32.5）200t/h，（P·O 42.5）178t/h。陶瓷球应用前，对仓位进行了调整：一仓长改为4.25m，二仓改为8.15m。

2. 设计特点

（1）因为该粉磨系统开路、闭路两用，所以两仓研磨体填充率既不能"前高后低"，也不能"前低后高"，应该"前后基本持平"。

（2）因为仓长改变，研磨体装载量要重新计算，依据该仓平均球径基本不变，填充率按经验数据设计。陶瓷球仓物料流动性好，填充率提高2%~3%。

（3）级配方案：（表4-17）

**表4-17  XTZC水泥有限责任公司φ4.2m×13m水泥磨应用陶瓷研磨体配球方案**

| 仓位 | 原方案（钢球） | | | 现方案（钢球） | | |
|---|---|---|---|---|---|---|
| 一仓 | φ40 | 10t | 16.7% | φ40 | 17t | 17.0% |
| | φ30 | 15t | 25.0% | φ30 | 28t | 28.0% |
| | φ25 | 20t | 33.3% | φ25 | 30t | 30.0% |
| | φ20 | 15t | 25.0% | φ20 | 25t | 25.0% |
| | 平均球径：27.5 mm 填充率：31% 装载量：60t 仓长：3.0m | | | 平均球径：27.7 mm 填充率：39.6% 装载量：100t 仓长：4.25m | | |

续表

| 仓位 | 原方案（钢锻） | | | 现方案（陶瓷球） | | |
|---|---|---|---|---|---|---|
| 二仓 | $\phi16\times18$ | 20t | 12% | $\phi25$ | 18.5t | 19.1% |
| | $\phi14\times16$ | 50t | 29% | $\phi20$ | 18.5t | 19.1% |
| | $\phi12\times14$ | 60t | 36% | $\phi17$ | 30.0t | 30.9% |
| | $\phi10\times12$ | 40t | 24% | $\phi15$ | 30.0t | 30.9% |
| | 填充率：30%<br>装载量：170t<br>仓长：9.4m | | | 填充率：41.0%<br>装载量：97t<br>仓长：8.15m | | |

一仓装载量增加 40t，二仓装载量减少 73t；球磨机总装载量由 230t，降低为 197t，减少 33t（14.3%）。

（二）YXTS 水泥公司

1. 原始数据

$\phi4m\times13m$ 球磨机，一仓长 3.15m、装载量 50t、填充率 28%；二仓长 9.0m、装载量 120t、填充率 25%；闭路粉磨系统生产 P·O 42.5 水泥，产量 170t/h。陶瓷球应用前后各仓长度不变。

2. 设计特点

（1）因为该粉磨系统为闭路流程，所以两仓研磨体填充率选用"前高后低"配置。

（2）因为仓长不变，一仓应尽量维持原级配方案中的平均球径数值，而填充率应按经验数据 40% 左右设计，钢球装载量重新计算。二仓填充率参照原方案中与一仓的差异，并考虑陶瓷球仓物料流动性好、填充率提高 2%~3% 等综合因素来决定。

（3）级配方案（表4-18）

表 4-18　YXTS 水泥有限公司 $\phi4m\times13m$ 水泥磨应用陶瓷研磨体配球方案

| 仓位 | 原方案（钢球） | | | 现方案（钢球） | | |
|---|---|---|---|---|---|---|
| 一仓 | $\phi50$ | 8t | 16% | $\phi50$ | 8t | 12.7% |
| | $\phi40$ | 26t | 52% | $\phi40$ | 30t | 47.6% |
| | $\phi30$ | 16t | 32% | $\phi30$ | 22t | 35.0% |
| | | | | $\phi20$ | 3t | 4.7% |
| | 平均球径：38.4mm<br>填充率：31.1%<br>装载量：50t | | | 平均球径：37.2mm<br>填充率：37.2%<br>装载量：63t | | |
| | 原方案（钢锻） | | | 现方案（陶瓷球） | | |
| 二仓 | 18 | 30t | | $\phi25$ | 17t | 18.9% |
| | 16 | 60t | | $\phi20$ | 17t | 18.9% |
| | 14 | 40t | | $\phi17$ | 28t | 31.1% |
| | | | | $\phi15$ | 28t | 31.1% |
| | 填充率：28.9%<br>装载量：130t | | | 填充率：38.1%<br>装载量：90t | | |

$\phi4m\times13m$ 水泥磨一仓装载量增加 13t，二仓装载量减少 50t；球磨机总装载量由 190t 降低为 153t，减少 37t（19.5%）。设计中二仓填充率略高于一仓，是因为陶瓷球仓通风好，陶瓷球填充率 38% 的通风阻力仅相当于钢锻仓填充率 35% 的数值，因此，基本维系了闭路磨研磨体级配"前高后低"的配置。

（三）YDQLS 水泥公司

1. 原始数据

$\phi3.8m\times13.5m$ 水泥磨一仓长 3.16m、装载量 60t、填充率 33.1%；二仓长 9.76m、装载量 114t、填充率 27.0%；闭路生产 P·O 42.5 水泥，台时产量 120t/h。

2. 设计特点

（1）因为该粉磨系统闭路生产水泥，所以两仓研磨体填充率应选用"前高后低"配置。

（2）因为仓长不变，一仓应尽量维持原级配方案中的平均球径数值，而填充率应按经验数据设计，钢球装载量重新计算；二仓填充率参照原方案中与一仓的差异，并考虑陶瓷球仓物料流动性好、填充率提高 2%～3% 等综合因素来决定。

（3）级配方案（表 4-19）

表 4-19　YDQLS 水泥公司 $\phi3.8m\times13.5m$ 水泥磨应用陶瓷研磨体配球方案

| 仓位 | 原方案（钢球） | | | 现方案（钢球） | | |
|---|---|---|---|---|---|---|
| 一仓 | $\phi40$ | 18t | 30.0% | $\phi40$ | 20t | 26.7% |
| | $\phi30$ | 27t | 45.0% | $\phi30$ | 25t | 33.3% |
| | $\phi25$ | 15t | 25.0% | $\phi25$ | 15t | 20.0% |
| | | | | $\phi20$ | 15t | 20.0% |
| | 平均球径：31.75mm 填充率：33.1% 装载量：60t | | | 平均球径：30.7mm 填充率：41.3% 装载量：75t | | |
| 二仓 | 原方案（钢球） | | | 现方案（陶瓷球） | | |
| | $\phi25$ | 34t | 29.8% | $\phi25$ | 15t | 18.75% |
| | $\phi20$ | 46t | 40.4% | $\phi20$ | 15t | 18.75% |
| | $\phi17$ | 34t | 29.8% | $\phi17$ | 25t | 31.25% |
| | | | | $\phi15$ | 25t | 31.25% |
| | 填充率：27.0% 装载量：114t | | | 填充率：39.6% 装载量：80t | | |

$\phi3.8m\times13m$ 水泥磨一仓装载量增加 15t，二仓装载量减少 34t；球磨机总装载量由 174t 降低为 155t，减少 19t（11.0%）。

注：经现场实际测量，原始数据中磨机仓长可能有误：一仓长度修正为 3.75m；二仓长度修正为 8.75m。运行之后，二仓可再增加 4t 陶瓷球（小规格球各 2t），以利于球磨机接近原台时产量。

（四）LNQLS 水泥公司

1. 原始数据

$\phi3.8m×13m$ 水泥磨，一仓长 3.1m、装载量 45t、填充率 30.2％；二仓长 9.2m、装载量 132t、填充率 29.2％；一台闭路磨机生产 P·O 42.5 水泥，产量 140t/h。陶瓷球应用前后各仓长度不变。

2. 设计特点

（1）因为该粉磨系统为闭路流程，所以两仓研磨体填充率选用"前高后低"配置。

（2）因为仓长不变，一仓应尽量维持原级配方案中的平均球径数值，而填充率应按经验数据设计，钢球装载量重新计算；二仓填充率参照原方案中与一仓的差异，并考虑陶瓷球仓物料流动性好、填充率提高 2％～3％等综合因素来决定。

（3）级配方案（表 4-20）

表 4-20　LNQLS 水泥公司 $\phi3.8m×13m$ 水泥磨应用陶瓷研磨体配球方案

| 仓位 | 原方案（钢球） | | | 现方案（钢球） | | |
|---|---|---|---|---|---|---|
| 一仓 | $\phi40$ | 8t | 17.78％ | $\phi40$ | 12t | 21.43％ |
| | $\phi30$ | 22t | 48.89％ | $\phi30$ | 24t | 42.86％ |
| | $\phi25$ | 15t | 33.33％ | $\phi25$ | 20t | 35.71％ |
| | 合计 | 45t | 100.00％ | 合计 | 56t | 100.00％ |
| | 平均球径：30.1mm | | | 平均球径：30.36mm | | |
| | 填充率：30.2％ | | | 填充率：37.35％ | | |
| | 原方案（钢球） | | | 现方案（陶瓷球） | | |
| 二仓 | $\phi20$ | 54t | 40.91％ | $\phi25$ | 17t | 19.77％ |
| | $\phi17$ | 51t | 38.64％ | $\phi20$ | 17t | 19.77％ |
| | $\phi15$ | 27t | 20.45％ | $\phi17$ | 26t | 30.23％ |
| | | | | $\phi15$ | 26t | 30.23％ |
| | 合计 | 132t | 100％ | 合计 | 86t | 100％ |
| | 平均球径：17.82mm | | | 平均球径：18.57mm | | |
| | 填充率：29.2％ | | | 填充率：42.72％ | | |

$\phi3.8m×13m$ 水泥磨一仓装载量增加 11t，二仓装载量减少 39t；球磨机总装载量由 177t 降低为 142t，减少 35t（19.8％）。

注：磨头进料口偏大，应进行技术改造，增设进料螺旋。一仓再增加 4t$\phi20$ 的钢球，填充率达到 40％，更有利于陶瓷球研磨，球磨机不减产。

（五）GGHR 水泥公司

1. 原始数据

$\phi$4.2m×12.5m 水泥磨，一仓长 3.9m、装载量 67t、填充率 29％；二仓长 8.15m、装载量 158t、填充率 32.6％；一台开路磨机生产 P·O 42.5 水泥，产量 145t/h。陶瓷球应用前后各仓长度不变。

2. 设计特点：

（1）因为该粉磨系统为开路流程，所以两仓研磨体填充率选用"前低后高"配置。

（2）因为仓长不变，一仓应尽量维持原级配方案中的平均球径数值，而填充率应按经验数据设计，钢球装载量重新计算；二仓填充率参照原方案中与一仓的差异，并考虑陶瓷球仓物料流动性好、填充率提高 2％～3％等综合因素来决定。

（3）级配方案（表 4-21）

表 4-21　GGHR 水泥公司 $\phi$4.2m×12.5m 水泥磨应用陶瓷研磨体配球方案

| 仓位 | 原方案（钢球＋钢锻） | | | 现方案（钢球） | | |
| --- | --- | --- | --- | --- | --- | --- |
| 一仓 | $\phi$40 | 8t | 11.9％ | $\phi$40 | 8t | 9.5％ |
| | $\phi$30 | 22t | 32.8％ | $\phi$30 | 27t | 32.1％ |
| | $\phi$25 | 29t | 43.2％ | $\phi$25 | 35t | 41.7％ |
| | $\phi$20 | 6t | 9.0％ | $\phi$20 | 10t | 12.0％ |
| | $\phi$20×20 | 2t | 3.0％ | $\phi$20×20 | 4t | 4.7％ |
| | 平均球径：27.8mm<br>填充率：29％<br>装载量：67t | | | 平均球径：27.2mm<br>填充率：36.4％<br>装载量：84t | | |
| | 原方案（钢球＋钢锻） | | | 现方案（陶瓷球） | | |
| 二仓 | $\phi$15 | 30t | 19.0％ | $\phi$25 | 19t | 18％ |
| | $\phi$14×14 | 56t | 35.4％ | $\phi$20 | 19t | 18％ |
| | $\phi$12×12 | 72t | 45.6％ | $\phi$17 | 33.5t | 32％ |
| | | | | $\phi$15 | 33.5t | 32％ |
| | 填充率：32.6％<br>装载量：158t | | | 填充率：44.4％<br>装载量：105t | | |

$\phi$4.2m×12.5m 水泥磨一仓装载量增加 17t，二仓装载量减少 53t；球磨机总装载量由 225t 降低为 189t，减少 36t（16％）。

（六）HJZC 水泥公司

1. 原始数据

$\phi$4.2m×13m 水泥磨，一仓长 4.03m、装载量 71.5t、填充率 29.5％；二仓长 8.47m、装载量 129t、填充率 25.3％；一台闭路磨机生产 P·O 42.5 水泥，产量 145t/h。陶瓷球应用前后各仓长度不变。

2. 设计特点：

(1) 因为该粉磨系统为闭路流程，所以两仓研磨体填充率选用"前高后低"配置。

(2) 因为仓长不变，一仓应尽量维持原级配方案中的平均球径数值，而填充率应按经验数据设计，钢球装载量重新计算；二仓填充率参照原方案中与一仓的差异，并考虑陶瓷球仓物料流动性好、填充率提高 2‰～3‰ 等综合因素来决定。

(3) 级配方案（表 4-22）

表 4-22　HJZC 水泥公司 $\phi$4.2m×13m 水泥磨应用陶瓷研磨体配球方案

| 仓位 | 原设计（钢球） | | | 实际情况（钢球） | | | 现方案（钢球） | | |
|---|---|---|---|---|---|---|---|---|---|
| | | | | $\phi$40 | 2t | 2.80% | $\phi$40 | 6t | 6.98% |
| | $\phi$30 | 20t | 29.85% | $\phi$30 | 32.5t | 45.45% | $\phi$30 | 28t | 32.56% |
| | $\phi$25 | 31t | 46.27% | $\phi$25 | 22t | 30.77% | $\phi$25 | 30t | 34.88% |
| 一仓 | $\phi$20 | 16t | 23.88% | $\phi$20 | 15t | 20.98% | $\phi$20 | 22t | 25.58% |
| | 合计 | 67t | 100% | 合计 | 71.5t | 100% | 合计 | 86t | 100% |
| | 平均球径：25.3mm | | | 平均球径：26.6mm | | | 平均球径：26.4mm | | |
| | 填充率：27.6% 装载量 71.5t | | | 填充率：29.5% 装载量 71.5t | | | 填充率：35.8% | | |
| | 原设计（钢球） | | | 实际情况（钢球） | | | 现方案（陶瓷球） | | |
| | | | | $\phi$25 | 5t | 3.88% | $\phi$25 | 20t | 20% |
| | $\phi$20 | 56t | 39.16% | $\phi$20 | 48t | 37.21% | $\phi$20 | 20t | 20% |
| | $\phi$15 | 87t | 60.84% | $\phi$15 | 76t | 58.91% | $\phi$17 | 30t | 30% |
| 二仓 | | | | 有少量煤磨中捡的大钢锻 | | | $\phi$15 | 30t | 30% |
| | 合计 | 143t | 100% | 合计 | 129t | 100% | 合计 | 100t | 100% |
| | 平均球径：17.0mm | | | 平均球径：17.2mm | | | 平均球径：18.6mm | | |
| | 填充率：27.2% 装载量 129t | | | 填充率：25.3% 装载量 129t | | | 填充率：42.0% | | |

$\phi$4.2m×13m 水泥磨一仓装载量增加 14.5t，二仓装载量减少 29t；球磨机总装载量由 200.5t 降低为 186t，减少 14.5t（7.2%）。

注：磨头进料口偏大，应进行技术改造，增设进料螺旋；一仓再增加 10t$\phi$20 的钢球，填充率达到 40%，更有利于陶瓷球研磨，球磨机不减产。

(七) HDZC 水泥公司

1. 原始数据

$\phi$4.2m×14.5m 水泥磨，一仓长 3.43m、装载量 56.6t、填充率 27.8%；二仓长 2.63m、装载量 45t、填充率 28.8%；三仓长 7.9m、装载量 143.6t、填充率 30.6%。一台开路磨机生产 P·O 42.5 水泥，产量 180t/h。陶瓷球应用前后各仓长度不变。

2. 设计特点：

（1）因为该粉磨系统为开路流程，所以两仓研磨体填充率选用"前低后高"配置。

（2）因为仓长不变，一仓应尽量维持原级配方案中的平均球径数值，而填充率应按经验数据设计，钢球装载量重新计算；二仓填充率参照原方案中与一仓的差异，并考虑陶瓷球仓物料流动性好、填充率提高 2‰～3‰ 等综合因素来决定。

（3）级配方案（表 4-23）

表 4-23  HDZC 水泥公司 $\phi$4.2m×14.5m 水泥磨应用陶瓷研磨体配球方案

| 仓位 | 原方案（钢球） | | | 现方案（钢球） | | |
|---|---|---|---|---|---|---|
| 一仓 | $\phi$30 | 12t | 21.20% | $\phi$30 | 15t | 22.06% |
| | $\phi$25 | 14.7t | 25.97% | $\phi$25 | 18t | 26.47% |
| | $\phi$20 | 22.3t | 39.40% | $\phi$20 | 26t | 38.24% |
| | $\phi$15 | 7.6t | 13.43% | $\phi$15 | 9t | 13.23% |
| | 合计 | 56.6t | 100.00% | 合计 | 68t | 100.00% |
| | 平均球径：22.75mm | | | 平均球径：22.87mm | | |
| | 填充率：27.8% | | | 填充率：33.4% | | |
| 二仓 | 原方案（钢锻） | | | 现方案（陶瓷球） | | |
| | $\phi$17×17 | 45t | 100% | $\phi$25 | 6t | 20% |
| | | | | $\phi$20 | 9t | 30% |
| | | | | $\phi$17 | 15t | 50% |
| | 合计 | 45t | 100% | 合计 | 30t | 100% |
| | 平均球径：17mm | | | 平均球径：19.5mm | | |
| | 填充率：28.8% | | | 填充率：40.2% | | |
| 三仓 | 原方案（钢锻） | | | 现方案（陶瓷球） | | |
| | $\phi$14×14 | 143.6t | 100% | $\phi$20 | 16t | 16.7% |
| | | | | $\phi$17 | 16t | 16.7% |
| | | | | $\phi$15 | 32t | 33.3% |
| | | | | $\phi$13 | 32t | 33.3% |
| | 合计 | 143.6t | 100% | 合计 | 96t | 100% |
| | 平均球径：14mm | | | 平均球径：15.5mm | | |
| | 填充率：30.6% | | | 填充率：42.8% | | |

$\phi$4.2m×14.5m 水泥磨一仓装载量增加 11.4t，二仓装载量减少 15t；三仓装载量减少 47.6t，球磨机总装载量由 245.2t 降低为 194t，减少 51.2t（20.9%）。

（八）TJNF 水泥公司

1. 原始数据

$\phi 3.8\text{m} \times 13\text{m}$ 水泥磨，一仓长 3.0m、装载量 45t、填充率 31.0%；二仓长 9.4m、装载量 137t、填充率 30.1%；一台闭路磨机生产 P·O 42.5 水泥，产量 160t/h。陶瓷球应用前后各仓长度不变。

2. 设计特点

（1）因为该粉磨系统为闭路流程，所以两仓研磨体填充率选用"前高后低"配置。

（2）因为仓长不变，一仓应尽量维持原级配方案中的平均球径数值，而填充率应按经验数据设计，钢球装载量重新计算；二仓填充率参照原方案中与一仓的差异，并考虑陶瓷球仓物料流动性好、填充率提高 2%～3% 等综合因素来决定。

（3）级配方案（表 4-24）

表 4-24　TJNF 水泥公司 $\phi 3.8\text{m} \times 13\text{m}$ 水泥磨应用陶瓷研磨体配球方案

| 仓位 | 原方案（钢球） | | | 现方案（钢球） | | |
|---|---|---|---|---|---|---|
| 一仓 | $\phi 30$ | 8t | 17.8% | $\phi 30$ | 10t | 16.7% |
| | $\phi 25$ | 15t | 33.3% | $\phi 25$ | 20t | 33.3% |
| | $\phi 20$ | 22t | 48.9% | $\phi 20$ | 30t | 50% |
| | 平均球径：23.4mm 填充率：31.0% 装载量：45t | | | 平均球径：23.3mm 填充率：39.7% 装载量：60t | | |
| | 原方案（钢锻） | | | 现方案（陶瓷球） | | |
| 二仓 | $\phi 12 \times 14$ | 40t | 29.2% | $\phi 25$ | 15t | 17.6% |
| | $\phi 10 \times 12$ | 97t | 70.8% | $\phi 20$ | 16t | 18.8% |
| | | | | $\phi 17$ | 27t | 31.8% |
| | | | | $\phi 15$ | 27t | 31.8% |
| | 填充率：30.1% 装载量：137t | | | 填充率：39.1% 装载量：85t | | |

$\phi 3.8\text{m} \times 13\text{m}$ 水泥磨一仓装载量增加 15t，二仓装载量减少 52t；球磨机总装载量由 182t 降低为 145t，减少 37t（20.3%）。

（九）YSNF 水泥公司

1. 原始数据

$\phi 4.2\text{m} \times 13\text{m}$ 水泥磨，一仓长 3.63m、装载量 65t、填充率 29.0%；二仓长 2.45m、装载量 43t、填充率 30.0%；三仓长 6.17m、装载量 115t、填充率 31.0%，一台开路磨机生产 P·O 42.5 水泥，产量 165t/h。陶瓷球应用前后各仓长度不变。

2. 设计特点

（1）因为该粉磨系统为开路流程，所以两仓研磨体填充率选用"前低后高"配置。

（2）因为仓长不变，一仓应尽量维持原级配方案中的平均球径数值，而填充率应按经验数据设计，钢球装载量重新计算；二仓填充率参照原方案中与一仓的差异，并考虑陶瓷球仓物料流动性好、填充率提高 2%～3% 等综合因素来决定。

（3）级配方案（表 4-25）

表 4-25 YSNF 水泥公司 $\phi$4.2m×13m 水泥磨应用陶瓷研磨体配球方案

| 仓位 | 原方案（钢球） | | | 现方案（钢球） | | |
|---|---|---|---|---|---|---|
| 一仓 | $\phi$60 | 3t | 4.6% | $\phi$60 | 3t | 4.6% |
| | $\phi$50 | 9.3t | 14.3% | $\phi$50 | 9.3t | 14.3% |
| | $\phi$40 | 20.6t | 31.7% | $\phi$40 | 20.6t | 31.7% |
| | $\phi$30 | 22.7t | 34.9% | $\phi$30 | 22.7t | 34.9% |
| | $\phi$25 | 9.4t | 14.5% | $\phi$25 | 9.4t | 14.5% |
| | 平均球径：36.7mm 填充率：29% 装载量：65t | | | 平均球径：36.7mm 填充率：29% 装载量：65t | | |
| | 原方案（钢锻） | | | 现方案（钢锻） | | |
| 二仓 | $\phi$16×16 | 18t | 41.9% | $\phi$16×16 | 20t | 36.4% |
| | $\phi$14×14 | 25t | 58.1% | $\phi$14×14 | 29t | 52.7% |
| | | | | $\phi$12×14 | 6t | 10.9% |
| | 填充率：30% 装载量：43t | | | 填充率：37.8% 装载量：55t | | |
| | 原方案（钢锻） | | | 现方案（陶瓷球） | | |
| 三仓 | $\phi$12×14 | 23t | 20% | $\phi$20 | 15t | 20% |
| | $\phi$10×12 | 92t | 80% | $\phi$17 | 15t | 20% |
| | | | | $\phi$15 | 22.5t | 30% |
| | | | | $\phi$13 | 22.5t | 30% |
| | 填充率：31%； 装载量：115t | | | 填充率：42% 装载量 75t | | |

$\phi$4.2m×13m 水泥磨二仓装载量增加 12t，三仓装载量减少 40t；球磨机总装载量由 223t 降低为 195t，减少 28t（12.6%）。

（十）XNGD 水泥公司

1. 原始数据

$\phi$4.2m×13m 水泥磨，一仓长 3.36m、装载量 54t、填充率 27.0%；二仓长 9.0m、装载量 165t、填充率 30.8%；一台闭路磨机生产 P·O 42.5 水泥，产量 175t/h。陶瓷球应用前后各仓长度不变。

2. 设计特点

（1）因为该粉磨系统为闭路流程，所以两仓研磨体填充率选用"前高后低"配置。

（2）因为仓长不变，一仓应尽量维持原级配方案中的平均球径数值，而填充率应按经验数据设计，钢球装载量重新计算；二仓填充率参照原方案中与一仓的差异，并考虑陶瓷球仓物料流动性好、填充率提高2%～3%等综合因素来决定。

（3）级配方案（表4-26）

表4-26　XNGD水泥公司 φ4.2m×13m 水泥磨应用陶瓷研磨体配球方案

| 仓位 | 原方案（钢球） | | | 现方案（钢球） | | |
|---|---|---|---|---|---|---|
| | φ40 | 16.8t | 31.1% | φ40 | 18t | 23.1% |
| | φ30 | 22.5t | 41.7% | φ30 | 35t | 44.9% |
| | φ20 | 14.7t | 27.2% | φ20 | 25t | 32.0% |
| 一仓 | 平均球径：30.4mm 填充率：27% 装载量：54t | | | 平均球径：29.1mm 填充率：39.1% 装载量：78t | | |
| | 原方案（钢锻） | | | 现方案（陶瓷球） | | |
| | | | | φ25 | 20t | 19% |
| | | | | φ20 | 21t | 20.0% |
| | | | | φ17 | 32t | 30.5% |
| | | | | φ15 | 32t | 30.5% |
| 二仓 | 填充率：30.8% 装载量：165t | | | 填充率：40.2% 装载量：105t | | |

φ4.2m×13m水泥磨一仓装载量增加24t，二仓装载量减少60t；球磨机总装载量由219t降低为183t，减少36t（16.4%）。

（十一）ZJKJY水泥公司

1. 原始数据

φ4.2m×13m 水泥磨，一仓长 3.7m、装载量77t、填充率33.7%；二仓长 8.6m、装载量153t、填充率32.4%；一台闭路磨机生产 P·O 42.5R 水泥，产量180t/h。陶瓷球应用前后各仓长度不变。

2. 设计特点

（1）因为该粉磨系统为闭路流程，所以两仓研磨体填充率选用"前高后低"配置。

（2）因为仓长不变，一仓应尽量维持原级配方案中的平均球径数值，而填充率应按经验数据设计，钢球装载量重新计算；二仓填充率参照原方案中与一仓的差异，并考虑陶瓷球仓物料流动性好、填充率提高 2%～3% 等综合因素来决定。

（3）级配方案（表 4-27）

表 4-27　ZJKJY 水泥公司 $\phi$4.2m×13m 水泥磨应用陶瓷研磨体配球方案

| 仓位 | 原方案（钢球） | | | 现方案（钢球） | | |
|---|---|---|---|---|---|---|
| 一仓 | $\phi$40 | 10t | 13.0% | $\phi$40 | 10t | 11.1% |
| | $\phi$30 | 25t | 32.5% | $\phi$30 | 30t | 33.3% |
| | $\phi$25 | 27t | 35.0% | $\phi$25 | 30t | 33.3% |
| | $\phi$20 | 15t | 19.5% | $\phi$20 | 20t | 22.2% |
| | 平均球径：27.6mm<br>填充率：33.7%<br>装载量：77t | | | 平均球径：27.2mm<br>填充率：40.1%<br>装载量：90t | | |
| 二仓 | 原方案（钢锻） | | | 现方案（陶瓷球） | | |
| | $\phi$20 | 20t | 13.1% | $\phi$25 | 20t | 19.2% |
| | $\phi$17 | 50t | 32.7% | $\phi$20 | 20t | 19.2% |
| | $\phi$15 | 83t | 54.2% | $\phi$17 | 32t | 30.8% |
| | | | | $\phi$15 | 32t | 30.8% |
| | 平均球径：16.3mm<br>填充率：32.4%<br>装载量：153t | | | 平均球径：18.5mm<br>填充率：40%<br>装载量：104t | | |

$\phi$4.2m×13m 水泥磨一仓装载量增加 13t，二仓装载量减少 49t；球磨机总装载量由 230t 降低为 194t，减少 36t（15.6%）。

（十二）ZBZS 水泥公司

**1. 原始数据**

$\phi$3.2m×14m 水泥磨一仓长 2.75m、装载量 27t、填充率 29.0%；二仓长 3.0m、装载量 31t、填充率 30.0%；三仓长 7.5m、装载量 81t、填充率 31.8%，一台开路磨机粉磨 P·C 42.5 水泥，产量 45t/h。陶瓷球应用前后各仓长度不变。

**2. 设计特点**

（1）因为该粉磨系统为开路流程，所以两仓研磨体填充率选用"前低后高"配置。

（2）因为仓长不变，一仓应尽量维持原级配方案中的平均球径数值，而填充率应按经验数据设计，钢球装载量重新计算；二仓填充率参照原方案中与一仓的差异，并考虑陶瓷球仓物料流动性好、填充率提高 2%～3% 等综合因素来决定。

（3）级配方案（表 4-28）

**表4-28 ZBZS水泥公司 φ3.2m×14m 球磨机应用陶瓷研磨体配球方案**

| 仓位 | 原方案（钢球） | | | 现方案（钢球） | | |
|---|---|---|---|---|---|---|
| 一仓 | φ60 | 5t | 18.5% | φ60 | 5t | 18.5% |
| | φ50 | 7t | 26% | φ50 | 7t | 26% |
| | φ40 | 9t | 33.3% | φ40 | 9t | 33.3% |
| | φ30 | 6t | 22.2% | φ30 | 6t | 22.2% |
| | 装载量：27t<br>填充率：29% | | | 装载量：27t<br>填充率：29% | | |
| | 原方案（钢锻） | | | 现方案（钢锻） | | |
| 二仓 | φ30 | 7t | 22.6% | φ30 | 8t | 20.0% |
| | φ25×30 | 9t | 29.0% | φ25×30 | 11t | 27.5% |
| | φ20×25 | 8t | 25.8% | φ20×25 | 11t | 27.5% |
| | φ18×20 | 7t | 22.6% | φ18×20 | 10t | 25.0% |
| | 装载量：31t<br>填充率：30% | | | 装载量：40t<br>填充率：39.3% | | |
| | 原方案（钢锻） | | | 现方案（陶瓷球） | | |
| 三仓 | φ16×18 | 12 | 14.8% | φ25 | 11 | 20.8% |
| | φ14×16 | 24 | 29.6% | φ20 | 11 | 20.8% |
| | φ12×14 | 25 | 30.9% | φ17 | 16 | 30.2% |
| | φ10×12 | 20 | 24.7% | φ15 | 16 | 30.2% |
| | 装载量：81t<br>填充率：31.8% | | | 装载量：54t<br>填充率：43.3% | | |

φ3.2m×14m水泥磨一仓装载量不变，二仓装载量增加9t，三仓装载量减少27t；球磨机总装载量由139t降低为121t，减少18t（13.0%）。

## 三、陶瓷球应用技术经济效益分析

### 1. 实施方案要点

（1）合作单位简介

对参与陶瓷球替代钢球的水泥企业基本情况进行介绍，如：企业名称、性质、生产规模、主机设备配置、近年来的成就和荣誉等。

（2）合作意向

双方洽谈的时间地点，参加人员，达成共识的协议内容包括技术内容和商务合同等。

（3）试验实施方案

① 试验前准备工作

试验前分别采集水泥熟料、入磨物料、出磨物料、水泥成品等样品；检查该水泥粉磨系统设备及储库是否完好并符合要求，各岗位操作与巡检人员是否全部到位。

② 研磨体级配方案

根据调查表数据和取样检测数据，确定陶瓷球装填方案。

表 4-29　研磨体规格及装载量

| 项目 | 第一次装球时间 | | | | |
|---|---|---|---|---|---|
| 规格（mm） | 仓位 | 数量（t） | 比例（%） | | 备注 |
| $\phi$ | | | | | |
| $\phi$ | | | | | |
| 装载量（t） | 一仓 | | 二仓 | | 三仓 |
| 填充率（%） | 一仓 | | 二仓 | | 三仓 |

③ 装球后数据记录及检测

陶瓷球研磨体粉磨试运转开始时，记录水泥粉磨工艺参数和水泥产品相关性能指标，包括：台时产量，主机电流，各辅助设备电流，通风情况，磨内物料情况，磨音变化，磨内温度变化，水泥比表面积，强度，颗粒级配，标准稠度用水量，凝结时间等。

对入磨物料、出磨物料进行取样，分别检测入磨物料平均粒径（或 $80\mu m$ 筛余）和出磨物料 $80\mu m$ 及 $45\mu m$ 筛余细度，了解磨内物料粉磨情况。

（4）预期目标

表 4-30

| 项目 | 工艺参数 | 加陶瓷球前 | 加陶瓷球后 | 备注 |
|---|---|---|---|---|
| 球磨机 | 台时产量（t/h） | | | |
| | 主电流（A） | | | |
| | 综合电耗（kWh/t） | | | |
| | 磨内温度（℃） | | | |
| 水泥产品 | 细度 0.08mm 筛余（%） | | | |
| | 细度 0.045mm 筛余（%） | | | |
| | 比表面积（m²/kg） | | | |
| | 抗压强度（3d）MPa | | | |
| | 抗折强度（3d）MPa | | | |
| | 颗粒级配（3～32$\mu m$） | | | |
| | 水泥标准稠度需水量（%） | | | |

2. 节能经济效益分析

陶瓷球替代钢球的节电效果是一个综合的系统工程。首先是它减轻了磨机筒体的总重量，使主电机的运转负荷减轻。另外，磨内通风好，磨内噪声和发热量降低，无用功少了，使能量的利用率得到提高；主轴承润滑温升改善，安全运转率提高；产品微细粉含量降低，对辅助设备（选粉机、提升机等）内部的黏附作用减少，运行阻力下降，整个水泥粉磨系统的总电耗必然减少。

（1）节能经济效益计算（以 $\phi4.2m\times13m$ 球磨机水泥粉磨系统为例）。

① 按单台每天生产 42.5 水泥 16h，台时 200t 计算日产水泥：

$$16\times200=3200t$$

② 按使用节能研磨体后吨水泥节电 5 度电、电价 0.6 元/度计算，每天节能效益为：

$$5\times3200\times0.6=9600 元$$

（2）投资回报分析：

① 陶瓷研磨体市场价为 12000 元/t，去税单价为 12000/1.17 即 10256 元/t，新购置 100t 新型研磨体总计需投入去税总成本为：

$$100\times10256=1025600 元$$

② 按新增总投入计算投资回收期：

$$1025600\div9600=107 天，即 3.6 个月$$

③ 按购置高铬钢球、钢锻增加投入对比，计算投资回收期：

按同等需 170t 高铬钢球、钢锻市场价 6000 元含税单价计算，去税总投入为：

$$170\times6000\div1.17=871795 元$$

④ 使用陶瓷球后，同比增加投入：$1025600-871795=153805 元$

⑤ 回报期：$153805\div9600=16 天$

按该种情况计算，使用陶瓷球，试用 16d 后就有回报。

3. 结语

陶瓷球替代钢球是一项专业技术性很强的工艺技能，不仅要认真仔细地对待每一个操作环节，而且要不断地总结与分析应用中的技术参数和结果，这样才能提高实施方案的技术水平，取得最佳的经济效益和节能高产效果。

# 附录一 《耐磨氧化铝球》JC/T 848.1—2010（摘要）

## 耐磨氧化铝球

## 1 范围

本标准规定了耐磨氧化铝球产品的术语和定义、分类、规格、要求、试验方法、检验规则以及标志、包装、运输和贮存。

本标准适用于氧化铝含量不低于70%的耐磨氧化铝球。

## 2 规范性引用文件

下列文件对于本文件的应用是必不可少的。凡是注日期的引用文件，仅注日期的版本适用于本文件。凡是不注日期的引用文件，其最新版本（包括所有的修改单）适用于本文件。

GB/T 2997—2000 致密定形耐火制品体积密度、显气孔率和真气孔率试验方法

GB/T 69009—2006 铝硅系耐火材料化学分析方法 氧化铝的测定

GB/T 6900.10—2006 铝硅系耐火材料化学分析方法 氧化铁的测定

GB/T 8488.5—2001 耐酸砖试验方法吸水率试验

EN 101—991 陶瓷砖 按莫斯测定法测定表面划痕硬度

## 3 术语和定义

下列术语和定义适用于本文件。

### 3.1

压制球 pressing model ball

采用冷等静压方式成型的耐磨氧化铝球。

### 3.2

滚制球 rolling ball

采用滚动方式成型的耐磨氧化铝球。

**3.3**

帽檐 hat edge

耐磨氧化铝球在冷等静压成型时球体表面形成的成型痕迹。

**3.4**

径向尺寸 radial size

压制球平行于球帽方向测量的球的最大直径。

**3.5**

纬向尺寸 latitudinal size

压制球垂直于球帽方向测量的球的最大直径。

**3.6**

球形度 ball degree

压制球径向尺寸与纬向尺寸的差值与规格尺寸的比值。

**3.7**

磨耗 wear and tear

耐磨氧化铝球在聚氨酯罐中加水研磨一定时间后球的质量损失。

## 4  分类、规格

**4.1  分类**

耐磨氧化铝球按下列方法分类。

**4.1.1**  按成型方法分为：压制球和滚制球。

**4.1.2**  按氧化铝含量分为：70 系列、90 系列、92 系列、95 系列、99 系列，也可按生产协议生产其他系列。

**4.1.3**  按规格尺寸分为：大球 $\phi \geqslant 20$mm、小球 $\phi < 20$mm。

**4.2  规格**

耐磨氧化铝球常用的规格如下。

**4.2.1**  压制球：$\phi20$mm、$\phi25$mm、$\phi30$mm、$\phi35$mm、$\phi40$mm、$\phi45$mm、$\phi50$mm、$\phi60$mm、$\phi70$mm、$\phi80$mm，也可以按协议生产其他规格。

**4.2.2**  滚制球：$\phi2$mm、$\phi6$mm、$\phi8$mm、$\phi10$mm、$\phi13$mm、$\phi20$mm、$\phi25$mm、$\phi30$mm、$\phi40$mm、$\phi50$mm、$\phi60$mm，也可按协议生产其他规格。

## 5  要求

**5.1  外观质量**

耐磨氧化铝球的外观质量应符合表 1 的规定。

**表 1　耐磨氧化铝球的外观质量**

| 项目 | | 外观质量指标 | |
|---|---|---|---|
| | | 压制球 | 滚制球 |
| 斑点 | | 不允许 | 不允许 |
| 气泡 | | 不允许 | 不允许 |
| 帽檐 | $\phi \leq 40mm$ | 帽檐厚度≤2mm 球的比例大于 95%，帽檐厚度≥4mm 的球不允许有 | — |
| | $\phi > 40mm$ | 帽檐厚度≤3mm 球的比例大于 95%，帽檐厚度≥4mm 的球不允许有 | |
| 裂纹 | | 不允许 | 不允许 |
| 碰损粘损 | | 单个球上最大尺寸≤3mm 的不允许超过 1 个；最大尺寸>3mm 的不允许有，有破损、粘损的比例应小于 5% | |
| 粘砂 | | 不允许 | 不允许 |

## 5.2　外观尺寸及偏差

### 5.2.1　压制球外观尺寸及偏差应符合表 2 的规定。

**表 2　压制球外观尺寸及偏差**　　　　单位为毫米

| 外观尺寸 | $\phi < 40$ | $60 \geq \phi \geq 40$ | $\phi > 60$ |
|---|---|---|---|
| 尺寸偏差 | ±1.50 | ±2.00 | ±2.50 |

### 5.2.2　滚制球外观尺寸及偏差应符合表 3 的规定。

**表 3　滚制球外观尺寸及偏差**

| 外观尺寸 | $\phi < 2$ | $2 \leq \phi < 10$ | $10 \leq \phi \leq 15$ | $\phi > 15$ |
|---|---|---|---|---|
| 尺寸偏差 | ±0.20 | ±0.50 | ±1.00 | ±1.50 |

### 5.2.3　压制球的球形度要求应符合表 4 的规定。

**表 4　压制球球形度**

| 产品规格 mm | $\phi < 40$ | $40 \leq \phi \leq 60$ | $\phi > 60$ |
|---|---|---|---|
| 球形度 | 1±0.05 | 1±0.045 | 1±0.04 |

## 5.3　理化性能指标

### 5.3.1　理化性能指标应符合表 5 的规定。

表5 理化性能指标

| 分类 | 理化性能指标 | | | | | |
|---|---|---|---|---|---|---|
| | $Al_2O_3$ 含量% | $Fe_2O_3$ 含量% | 体积密度 g/cm³ | 吸水率% | 耐冲击性 | 莫氏硬度 |
| 70系列 | ≥70 | ≤2 | ≥2.95 | ≤0.02 | | ≥8 |
| 90系列 | ≥90 | ≤0.2 | ≥3.60 | ≤0.01 | | ≥9 |
| 92系列 | ≥92 | ≤0.2 | ≥3.60 | ≤0.01 | 无裂缝，无破碎 | ≥9 |
| 95系列 | ≥95 | ≤0.15 | ≥3.65 | ≤0.01 | | ≥9 |
| 99系列 | ≥99 | ≤0.1 | ≥3.65 | ≤0.01 | | ≥9 |

**5.3.2** 大球的当量磨耗指标应符合表6的规定。

表6 大球当量磨耗指标

| 分类 | 70系列 | 90系列 | 92系列 | 95系列 | 99系列 |
|---|---|---|---|---|---|
| 磨耗系数/当量磨耗 ‰ | ≤0.30 | ≤0.20 | ≤0.18 | ≤0.15 | ≤0.15 |

注：当量磨耗参考附录A。

**5.3.3** 小球的耐磨系数指标应符合表7的规定。

表7 小球耐磨系数指标

| 产品规格 mm | 磨耗系数 g/（kg·h） | | | | |
|---|---|---|---|---|---|
| | 70系列 | 90系列 | 92系列 | 95系列 | 99系列 |
| 15<φ≤20 | ≤0.20 | ≤0.12 | ≤0.12 | ≤0.10 | ≤0.10 |
| 10<φ≤15 | ≤0.25 | ≤0.15 | ≤0.15 | ≤0.12 | ≤0.12 |
| 8<φ≤10 | ≤0.30 | ≤0.20 | ≤0.20 | ≤0.15 | ≤0.15 |
| 6<φ≤8 | ≤0.40 | ≤0.25 | ≤0.25 | ≤0.20 | ≤0.20 |
| 5<φ≤6 | ≤0.50 | ≤0.30 | ≤0.30 | ≤0.25 | ≤0.25 |
| φ≤5 | ≤0.80 | ≤0.65 | ≤0.65 | ≤0.50 | ≤0.50 |

注：磨耗系数参见附录A。

# 6 试验方法

## 6.1 外观质量的检验

外观质量检验从25kg样本中随机抽取10个球，用精度为0.2mm的游标卡尺检测。

## 6.2 外观尺寸及偏差的检验

外观尺寸检验区外观质量检测合格的10个球，用精度0.02mm的游标卡尺测量，滚制球在垂直的两个方向上检测直径，压制球测径向尺寸、纬向尺寸，球的直径取算数平均值，外观尺寸及偏差应符合表2、表3的规定。

## 6.3 球形度的检验

取外观质量检验及尺寸偏差合格的 10 个压制球，用精度 0.02mm 的游标卡尺测量，每个球测径向尺寸、纬向尺寸，径向尺寸和纬向尺寸的差值与规格尺寸的比值。

## 6.4 吸水率的测定

取外观质量检验、尺寸偏差、球形度合格的球，带去去 3 个或 3 组（每组约重 100g），小球取 3 组（每组约重 100g），吸水率遵照 GB/T 8488—2001 中第 5 章试验方法规定的方法检测。

## 6.5 体积密度的测定

取外观质量检验、尺寸偏差、球形度合格的球，带去去 3 个或 3 组（每组约重 100g），小球取 3 组（每组约重 100g），体积密度按 GB/T 2997—2000 规定的方法检测。

## 6.6 氧化铝含量的测定

遵照 GB/T 6900—2006 中第 9 章氧化铝的测定进行。

## 6.7 三氧化二铁含量的测定

遵照 GB/T 6900—2006 中第 10 章氧化铁的测定进行。

## 6.8 耐冲击性、磨耗试验

遵照附录 A 的规定。

## 6.9 莫氏硬度的测定

按 EN 101—1991 规定的方法检测。

# 7 检验规则

## 7.1 检验分类

### 7.1.1 出厂检验

出厂检验项目包括外观质量、尺寸偏差、球形度、体积密度、吸水率。

### 7.1.2 型式检验

型式检验项目为本标准规定的全部检验项目。生产条件下，每半年抽样检验一次。生产工艺条件变化或有特殊要求时，随时检验。

## 7.2 抽样规则

出厂检验时以同类同规格产品每 10t 为一批，小于 10t 按一批计算或由供需双方商定。

从出厂检验合格的产品中随机抽取同规格产品 25kg 为样本。

**7.3** 判定规则

**7.3.1** 25kg 样本中随机抽取 10 个球，外观质量符合本标准表 1 的规定，则外观质量指标合格，否则不合格。

**7.3.2** 外观质量检测合格的 10 个球的外观尺寸及偏差符合本标准表 2、表 3 的规定，则该批产品这一指标合格，否则该批产品这一指标不合格。

**7.3.3** 外观质量检测合格的 10 个球的球形度的检验结果符合本标准表 4 的规定，则该批产品这一指标合格，否则该批产品这一指标不合格。

**7.3.4** 外观质量检测合格的球的吸水率检验结果符合本标准表 5 的规定，则该批产品这一指标合格，否则该批产品这一指标不合格。

**7.3.5** 外观质量检测合格的球的体积密度的检验结果符合本标准表 5 的规定，则该批产品这一指标合格. 否则该批产品这一指标不合格。

**7.3.6** 化学组成的检验结果符合本标准表 5 的规定，则政批产品这一指标合格，否则该批产品这指标不合格。

**7.3.7** 当量磨耗、耐磨系数检验的结果符合本标准表 6、表 7 的规定，则该批产品这一指标合格，否则该批产品这一指标不合格。

**7.3.8** 耐冲击性检验的结果符合本标准表 5 的规定，则该批产品这一指标合格，否则该批产品这一指标不合格。

**7.3.9** 莫氏硬度的检验结果符合本标准表 5 的规定，则该批产品这一指标合格，否则该批产品这一指标不合格。

**7.3.10** 综合判定：各项指标全部符合标准规定. 则该批产品合格，若有一项不合格则该批产品不合格。

## 8 标志、包装、运输和贮存

**8.1** 标志

包装上应标有产品名称、规格、数量、企业名称、注册商标、执行标准等标志。

**8.2** 包装

耐磨氧化铝球采用编织袋包装，附合格证，单袋重量为（25±0.2）kg，也可按供需双方协议包装。

合格证内容包括产品规格、生产日期、检验部门或人员签章等。

**8.3** 运输和贮存

产品运输和贮存应防污染，禁摔扔，防止机械损伤。

## 附录 A

### （规范性附录）

### 耐磨氧化铝球耐冲击性、磨耗试验方法

**A.1　方法原理**

本方法是通过耐磨氧化铝球在聚氨酯罐中以规定的条件冲击研磨，考核耐磨氧化铝球的抗冲击性能，以单位时间的磨耗表示氧化铝球的耐磨性能。

**A.2　磨罐**

磨罐采用聚氨酯罐，内径 200mm，内长 220mm。

**A.3　耐磨冲击试验机**

能保证使内装 4kg 氧化铝球和 4L 水的磨罐，以每分钟 80 转连续运行。

**A.4　试样制备**

外观质量和尺寸合格的耐磨氧化铝球样品约 4kg，单球重量在 500g 以上的球的个数不少于 8 个，装入磨罐中，加上 4L 水，在耐磨冲击试验机上以每分钟 80 转研磨 2h，取出样品用水清洗、烘干备用。

**A.5　试验步骤**

**A.5.1**　按 A.4 处理后的样品，用感量为 1g 的天平称重 $m_1$；

**A.5.2**　按 6.2 的规定测量 8 个样品球的直径，取其算数平均值得球的平均直径 $D$。

**A.5.3**　上述样品放入磨罐，加 4L 水，封盖后不允许漏水，放到耐磨试验机上。使罐以每分钟 80 转研磨 24h 后停机。

**A.5.4**　把样品从磨罐中取出，用水清洗，烘干后称重 $m_2$。

**A.6　结果表示**

**A.6.1**　经耐冲击性、磨耗试验无裂痕、无破碎，视为耐冲击性合格。

**A.6.2**　磨耗试验结果有下列两种表示方式：

$$耐磨系数（g/kg·h）＝1000（m_1－m_2）/24m_1 \qquad (A.1)$$

$$当量磨耗＝KD（m_1－m_2）/m_1 \qquad (A.2)$$

式中：$K$——修正系数，$4.7×10^{-4}$，单位为毫米$^{-1}$（$mm^{-1}$）；

　　　$D$——球的平均直径，单位为毫米（mm）；

　　　$m_1$——自磨前样品总重量，单位为克（g）；

　　　$m_2$——自磨后样品总重量，单位为克（g）。

注 1：大球的磨耗用当量磨耗来表示。

注 2：小球的磨耗用耐磨系数来表示。

# 附录二　《建材工业用铬合金铸造磨球》
## JC/T 533—2004（摘要）

## 建材工业用铬合金铸造磨球

### 1　范围

本标准规定了建材工业用铬合金铸造磨球的术语和定义、产品分类、技术要求、试验方法、检验规则以及包装、标志、运输和贮存。

本标准适用于建材工业用铬合金铸造磨球（以下简称铸球）。其他工业用铸球亦可参照采用。

### 2　规范性引用文件

下列文件中的条款通过本标准的引用而成为本标准的条款。凡是注日期的引用文件，其随后所有的修改单（不包括勘误的内容）或修订版均不适用于本标准，然而，鼓励根据本标准达成协议的各方研究是否可使用这些文件的最新版本。凡是不注日期的引用文件，其最新版本适用于本标准。

GB/T 223.1—1981 钢铁及合金中碳量的测定

GB/T 223.2—1981 钢铁及合金中硫量的测定

GB/T 223.3 钢铁及合金化学分析方法　二安替比林甲烷磷铝酸重量法测定磷量（NEQ ASTM E30-80）

GB/T 223.4—1988 钢铁及合金化学分析方法　硝酸铵氧化容量法测定锰量

GB/T 223.11—1991 钢铁及合金化学分析方法　过硫酸铵氧化容量法测定铬量

GB/T 223.14—2000 钢铁及合金化学分析方法　钽试剂萃取光度法测定钒含量

GB/T 223.16—1991 钢铁及合金化学分析方法　变色酸光度法测定钛量

GB/T 223.18—1994 钢铁及合金化学分析方法　硫代硫酸钠分离—碘量法测定铜量

GB/T 223.26—1989 钢铁及合金化学分析方法　硫氰酸盐直接光度法测定钼量

GB/T 223.60—1997 钢铁及合金化学分析方法　高氯酸脱水重量法测定硅含量

GB/T 223.63—1988 钢铁及合金化学分析方法　高碘酸钠（钾）光度法测定

锰量（NEQ ASTM E350-85）

GB/T 226 钢的低倍组织及缺陷酸蚀检验法（NEQ ISO 4969-80）

GB/T 230 金属洛氏硬度试验方法（NEQ ISO 6508-86）

GB/T 2828—1987 逐批检查计数抽样程序及抽样表（适用于连续批的检验）

GB/T 5611 铸造术语

GB/T 5678—1985 铸造合金光谱分析取样方法

GB/T 6414—1999 铸件 尺寸公差与机械加 S 余量（EQV ISO 8062：1994）

GB/T 17445—1998 铸造磨球

JC 334.1—1994 水泥工业用管磨机

## 3　术语和定义

GB/T 5611、GB/T 17445 确立的以及以下术语和定义适用于本标准。

中铬铸铁磨球 medium Chromium abrasion-resistant cast grinding balls

含铬量大于 5％，不大于 10％，共晶碳化物主要为（Cr，Fe）$_7$C$_3$ 和（Cr，Fe）$_3$C 的铸造磨球。

## 4　产品分类

### 4.1　按铬含量高低

铸球按含铬量分为高铬铸球、中铬铸球、低铬铸球三种类型，有五种牌号，同牌号铸球按热处理方式分为淬火态和非淬火态。

### 4.2　按直径大小

铸球按直径推荐 16 种规格，$\phi10\sim\phi25$ 及 $\phi30\sim120$ 的直径偏差分别符合 GB/T 6414—1999 中 CT9 及 CT10 级精度的规定，见表 1。

表 1 单位为毫米

| 项目 | 规　　格 | | | | | | | | | | | | | | | |
|---|---|---|---|---|---|---|---|---|---|---|---|---|---|---|---|---|
| | $\phi10$ | $\phi12$ | $\phi15$ | $\phi17$ | $\phi20$ | $\phi25$ | $\phi30$ | $\phi40$ | $\phi50$ | $\phi60$ | $\phi70$ | $\phi80$ | $\phi90$ | $\phi100$ | $\phi110$ | $\phi120$ |
| 直径偏差 | +1.0 −0.5 | | | | | | +1.5 −1.0 | | | +2.0 −1.0 | | | | +2.5 −1.0 | | |

### 4.3　铸球牌号的表示方法

### 4.3.1　用 ZQ 表示铸球。

### 4.3.2　牌号中只表示铬元素及含量和热处理状态。用字母 A 表示淬火态铸球，字母 B 表示非淬火态铸球。

## 4.4 铸球代号

**4.4.1** 铸球代号由铸球牌号加铸球直径表示。

**4.4.2** 铸球代号中各符号、数字的含义：

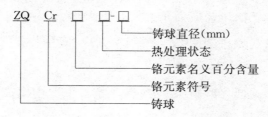

**4.4.3** 标记示例：

示例：牌号 ZQCr15A、直径 $\phi$100mm 的铸球标记为：ZQCr15A-100。

## 5 技术要求

**5.1** 铸球的直径偏差应符合表 1 的规定。

**5.2** 铸球的形状偏差应小于或等于相同规格铸球的直径偏差。

**5.3** 铸球的化学成分应符合表 2 的规定。

表 2 %

| 名称 | 牌号 | 化学成分 | | | | | | | | | |
|---|---|---|---|---|---|---|---|---|---|---|---|
| | | C | Si | Mn | Cr | Mo | Cu | V | Ti | P | S |
| 高铬铸球 | ZQCr17 | 2.0～3.2 | 0.3～1.0 | 0.4～1.5 (1.6～2.5) | 16～19 | 0～1.0 | 0～1.2 | 0～0.3 | 0～0.15 | ≤0.10 | ≤0.06 |
| 高铬铸球 | ZQCr15 | 1.8～3.2 | 0.3～1.2 | | 14～16 | 0～1.0 | 0～1.2 | 0～0.3 | 0～0.15 | ≤0.10 | ≤0.06 |
| 高铬铸球 | ZQCr12 | 1.8～3.2 | 0.3～1.5 | | 11～14 | 0～1.0 | 0～1.2 | 0～0.3 | 0～0.15 | ≤0.10 | ≤0.06 |
| 中铬铸球 | ZQCr8 | 2.1～3.2 | 0.5～2.2 | 0.5～1.5 | 7.0～10 | 0～1.0 | 0～1.2 | 0～0.3 | 0～0.15 | ≤0.10 | ≤0.06 |
| 低铬铸球 | ZQCr2 | 2.0～3.6 | 0.3～1.2 | 0.5～1.5 | 1.0～3.0 | 0～1.0 | 0～0.8 | 0～0.3 | 0～0.15 | ≤0.10 | ≤0.06 |

注：括号内的化学成分使用 A 状态铸球。

## 5.4 铸球力学性能。

**5.4.1** 铸球的表面硬度应符合表 3 的规定。

表 3

| 名称 | 牌号 | 表面硬度（HRC） | |
|---|---|---|---|
| | | 淬火态（A） | 非淬火态（B） |
| 高铬铸球 | ZQCr17 | ≥56 | ≥48 |
| 高铬铸球 | ZQCr15 | ≥56 | ≥50 |
| 高铬铸球 | ZQCr12 | ≥56 | ≥50 |
| 中铬铸球 | ZQCr8 | ≥52 | ≥48 |
| 低铬铸球 | ZQCr2 | — | ≥46 |

**5.4.2**　铸球在通过浇口中心至球心的剖切面上沿通过浇口中心直径的硬度差，高铬铸球不应超过 2HRC；中、低铬铸球不应超过 3HRC。

**5.4.3**　铸球的落球冲击疲劳寿命：高铬铸球应大于或等于 10000 次，中铬铸球应大于或等于 9000 次，低铬铸球应大于或等于 8000 次。

**5.5**　铸球的低倍组织不允许有裂纹、缩孔及影响使用性能的缩松、夹渣、气孔、偏析等铸造缺陷。

**5.6**　铸球的碎球率和球耗参照附录 A 执行，特殊情况由供需双方商定。

**5.7**　铸球外观质量。

**5.7.1**　铸球不允许有缩孔、铸造或热处理裂纹，严重的冷隔和皱皮。

**5.7.2**　铸球允许的表面缺陷应符合表 4 的规定。

表 4

| 规格 | 允许的表面缺陷不大于 | | | | | |
|---|---|---|---|---|---|---|
| | 浇口处多肉、少肉 mm | 浇口附近粘砂宽度 Mm | 局部残留飞边 mm | 孔洞（非缩孔） | | |
| | | | | 深度 mm | 单个面积 mm² | 总面积 mm² |
| 10≤S$\phi$≤25 | 1.0 | 2.0 | 0.8 | 0.5 | 4 | 16 |
| 30≤S$\phi$≤50 | 1.5 | 3.0 | 1.0 | 1.0 | 6 | 30 |
| 60≤S$\phi$≤90 | 2.0 | 4.0 | 1.0 | 1.5 | 10 | 45 |
| 100≤S$\phi$≤120 | 2.5 | 5.0 | 1.5 | 2.0 | 12 | 60 |

注：表中符号"S$\phi$"表示主球直径。

# 6　试验方法

**6.1**　对 5.1、5.2. 5.7.2 的规定，用精度不低于 0.1mm 的量具测量，测量时应避开表面缺陷可能引起测量误差的部位。

**6.2**　对 5.3 按 GB/T 223.1—1981，GB/T 223.2—1981，GB/T 223.3—1988，GB/T 223.4—1988，GB/T 223.11—1991，GB/T 223.14—2000，GB/T 223.16—1991，GB/T 223.18—1994，GB/T 223.26—1989，GB/T 223.60—1997，GB/T 223.63—1988 规定进行检验及仲裁；允许按 GB/T 5678—1985 进行检验。

**6.3**　硬度差、低倍组织试样制备。

硬度差及低倍组织检验试样，可采用线切割或电火花加工的方法制备，试样的剖切面应垂直于铸球的分型面并通过内浇口中心和球心，切割表面应磨去至少 1mm；如果采用机械加工的方法制备试样，切割表面应磨去至少 2mm。

**6.4** 对表面硬度（5.4.1）及硬度差（5.4.2）按 GB/T 230 进行检验。硬度差的检验应沿通过内浇口中心的直径每隔 5mm 打硬度。

**6.5** 对 5.5 的检验，应在 6.3 规定的磨削面上进行。试验方法参照 GB/T 226 进行。

**6.6** 对 5.5 和 5.7.1 的规定用肉眼进行检验。

**6.7** 对 5.4.3 落球冲击疲劳试验寿命按 GB/T 17445—1998 中附录 A 的规定进行。

**6.8** 对 5.6 碎球率、球耗的测定与计算按附录 A 的规定进行。

# 7 检验规则

**7.1** 铸球应经制造厂质量检验部门检验。

**7.2** 检验分类：检验分出厂检验和型式检验。

**7.3** 出厂检验项目为直径偏差（5.1）、形状偏差（5.2）、化学成分（5.3）、表面硬度（5.4.1）、外观质量（5.7.1，5.7.2）。

**7.4** 对 5.1，5.2，5.7.1，5.7.2 的规定，按 GB/T 2828—1987 检验。

**7.4.1** 抽样方案按 GB/T 2828—1987 表 3 进行。

**7.4.2** 检查水平按 GB/T 2828—1987 表 2 中的一般检查水平 Ⅱ。

**7.4.3** 不合格品的分类和合格质量水平见表 5。

表 5

| 质量特征 | 不合格品类 | 合格质量水平 |
|---|---|---|
| 5.7.1 的规定 | A | 1.0 |
| 5.1、5.2 的规定 | B | 4.0 |
| 5.7.2 的规定 | C | 6.5 |

**7.5** 对 5.3 化学成分的规定应逐炉检验。每炉次随机抽取一个试样进行检验，如检验不合格应加倍复验，其中仍有不合格，则该炉为不合格。

**7.6** 对 5.4.1 铸球表面硬度的检验，非连续热处理炉，应从每炉不同位置取样，个数不少于五个：连续热处理炉，按每个工作班随机取样，个数不少于五个：经检验，若有一个铸球不合格，则应任取双倍的铸球进行复验。若仍有一个铸球不合格，则该批为不合格。若硬度不合格时，允许重复热处理。

**7.7** 对 5.4.2 和 5.5 规定的检验，同牌号相同工艺生产的铸球每连续生产半个月，随机抽取其中一个最大规格的铸球进行检验。如检验不合格，则应在该批中加倍复验。若仍有不合格，则该批为不合格。

**7.8** 落球冲击疲劳寿命试验按 GB/T 17445—1998 附录 A 的规定，在合格品中随机抽取，同牌号相同工艺生产的铸球每月应至少做一次检验。落球冲击疲劳试验结果应符合 5.4.3 的规定。

## 7.9　型式检验

若有下列情况之一，应按本标准规定的全部技术要求进行型式检验：

a）新产品试制时；

b）生产工艺有较大改变、可能影响产品质量时；

c）投入批量生产后，应至少每半年进行一次检验；

d）长期停产，重新恢复生产时；

e）出厂检验结果与前次型式检验有明显差异时；

f）国家质量监督机构提出型式检验要求时。

## 8　标志、包装、运输和贮存

### 8.1　包装

铸球应采用能保证安全的包装（铁桶或编织袋）或散装。

### 8.2　标志

每批出厂产品应附有检验部门盖章的产品合格证（或质量保证书），注明：

a）供方名称；

b）商标；

c）铸球名称、代号和标准号；

d）产品批号；

e）出厂日期。

### 8.3　运输

铸球的装运方式由供需双方商定。

### 8.4　贮存

铸球在贮存时，应防止酸、碱及水浸蚀；应按铸球的类型、牌号、规格分别贮存。

## 附录 A

### （资料性附录）

### 铸球的碎球率和球耗

**A.1**　铸球在下列正常使用工况条件下，管磨机运转 2000～3000h，碎球率和球耗见表 A.1。

    a) 粉磨普通硅酸盐水泥；

    b) 水泥出磨温度不超过 1200℃；

    c) 熟料粒度小于 $d_{80}\leqslant20\text{mm}$；

    d) 水泥比表面积不超过 $340\text{m}^2/\text{kg}$

    e) 磨机直径为 2.8～3.2m

    f) 磨机台时产量、铸球装载量应符合 JC 334.1—1994 和有关规定。

表 A.1

| 项　　目 | 种　类 | | |
|---|---|---|---|
| | 高铬铸球 | 中铬铸球 | 低铬铸球 |
| 单仓碎球率：% | ≤0.8 | ≤1.5 | ≤2.5 |
| 单仓球耗：克每吨水泥 | ≤30 | ≤50 | ≤80 |

**A.2** 碎球率按式（A.1）计算：

$$P = \frac{Q_1 + Q_2}{Q + Q'} \times 100\%$$     (A.1)

式中：$P$——铸球碎球率，单位为百分数（%）；

   $Q$——初装球磨机内的铸球质量，单位为吨（t）；

   $Q'$——正常运转中添加的铸球质量 单位为吨（t）；

   $Q_1$——正常运转中球磨机排出的碎球质量，单位为吨（t）；

   $Q_2$——停机检测时在球磨机内的碎球质量，单位为吨（t）。

**A.3** 球耗计算按式（A.2）计算：

$$M = \frac{(Q + Q' - Q_h) \times 10^6}{N}$$     (A.2)

式中 $M$——铸球的球耗，单位为克每吨（g/t）；

   $Q$——初装球磨机内的铸球质量，单位为吨（t）；

   $Q'$——正常运转中添加的铸球质量，单位为吨（t）；

   $Q_h$——可回用的铸球质量，单位为吨（t）；

   $N$——研磨过程中，投入的物料总质量，单位为吨（t）。

# 参 考 文 献

[1]　于兴敏等. 新型干法水泥实用技术全书. 北京：中国建材工业出版社. 2006

[2]　王仲春. 水泥工业粉磨工艺技术. 北京：中国建材工业出版社. 2006

[3]　陈绍龙等. 水泥生产破碎与粉磨工艺技术及设备. 北京：化学工业出版社. 2007

[4]　刘维良等. 先进陶瓷工艺学　湖北：武汉理工大学出版社. 2004

[5]　余明清等. 微晶氧化铝陶瓷的制备应用与发展《新材料产业》2006 年第 12 期

[6]　乔彬等. 水泥工业粉磨系统节能增产技术百例. 北京：化学工业出版社. 2009